王莉

著

场景人物精神

在中国城乡景观设计与建设中的运用：

以历史文化名城襄阳为例

中国市场出版社
China Market Press
·北 京·

图书在版编目（CIP）数据

场景、人物、精神在中国城乡景观设计与建设中的运用：以历史文化名城襄阳为例 / 王莉著. — 北京：中国市场出版社有限公司，2022.7

ISBN 978-7-5092-2225-6

Ⅰ. ①场… Ⅱ. ①王… Ⅲ. ①城乡规划－景观规划－研究－襄阳 Ⅳ. ①TU983

中国版本图书馆 CIP 数据核字(2022)第 100645 号

场景、人物、精神在中国城乡景观设计与建设中的运用：以历史文化名城襄阳为例

CHANGJING · RENWU · JINGSHEN ZAI ZHONGGUO CHENGXIANG JINGGUAN SHEJI YU JIANSHE ZHONG DE YUNYONG：YI LISHI WENHUA MINGCHENG XIANGYANG WEILI

著　　者：王　莉
责任编辑：晋璧东(874911015@qq.com)
出版发行：中国市场出版社
社　　址：北京市西城区月坛北小街 2 号院 3 号楼(100837)
电　　话：(010)68033539/68036642/68020336
经　　销：新华书店
印　　刷：河南承创印务有限公司
规　　格：170mm × 240mm　　16 开本
印　　张：11　　字　　数：244 千字
版　　次：2022 年 7 月第 1 版　　印　　次：2022 年 7 月第 1 次印刷
书　　号：ISBN 978-7-5092-2225-6
定　　价：69.00 元

版权所有　侵权必究　　印装差错　负责调换

目录

第 1 章

城市文化景观

1.1 城市景观

1.1.1 景观

对于景观,不同的人有不同的理解。《辞海》中对“景观”一词就有4种解释。

①风光景色。如居室周围景观甚佳。

②地理学名词。地理学的整体概念:兼容自然与人文景观。一般概念:泛指地表景色。

③特定区域概念。专指自然地理区划中起始的或基本的区域单位,是发生在相对一致和形态结构同一的区域,即自然地理区。

④类型概念。类型单位的通称,指相互隔离的地段,按其外部特征的相似性,归为同一类单位,如荒漠景观、草原景观等。景观学中主要指特定区域的概念。

景观的概念是随着人们对自然认识的深化而形成变化,并逐步发展。在“景观”被引入科学研究的范畴后,各专业领域的学者先后做了基础性的界定工作。概括来说,其形成发展经历了从基于视觉基础的美学概念到从大地景观出发的地理学概念,再到致力于生态系统修复的生态学概念三个阶段。

“景观”(landscape)是一个外来词。在西方,早在希伯来文本的《圣经·旧约全书》中,这一词汇就被用来描绘耶路撒冷的美丽景色。它的含义等同于汉语中的“风景”“景色”或“景致”。近代以来,“景观”一词最早来自绘画,艺术家最早将景观作为美丽的自然风光和风景画面的表现与再现,相当于“风景”的含义。15世纪,欧洲不少画家热衷于风景画。16世纪,风景画成为独立的绘画类型。17世纪左右,“景观”主要被用作绘画艺术的一个专门术语,泛指陆地上的自然景色。

18世纪后半叶,随着工业革命的开始,才使“景观”与“园艺”联系在一起,开始被园林设计师采用。他们基于对美学艺术效果的追求,对由人为建筑与自然环境所构成的整体景观进行设计、建造和评价,并将其发展成设计行业的一个方向。这时的景观成为描述自然、人文以及它们共同构成的整体景象的一个总称，包括自然和人为作用的任何地表形态，常用“风景”“风光”“景色”“景象”等术语描述。因此，这时的景观是美学概念的景观——风景，这种针对美学风景的景观理解是后来学术概念的来源。从景观原义中可以看出，它没有一个明确的空间界限，主要突出的是一种综合和直观的视觉感受。

从20世纪60年代中期开始，以美国为中心开展的“景观评价”（landscape assessment）研究，也是主要就景观的视觉美学意义而言的。风景评价（景观评价），实际上是风景美学的研究，也是指导风景资源管理、合理地进行风景区规划的基本依据。①

在20多年的发展过程中，针对风景评价的研究基于研究视角的不同，出现了许多在理论和方法上各具特色的学派。目前世界上较为公认的有四大学派：专家学派（expert paradigm）、心理物理学派（psychophysical paradigm）、认知学派（cognitive paradigm）或称心理学派（psychological paradigm），以及经验学派（experiential paradigm）或称现象学派（phenomenological paradigm）。专家学派认为风景价值在于其形式美或生态学意义，主张从“基本元素”（线、形、色、质）分析风景；心理物理学派则认为风景价值是主客观双方共同作用下而产生的，主张从“风景成分”（植被、山体等）分析风景；认知学派注重风景价值对人的生存、进化的意义，主张用“维量（复杂性、神秘性等）把握风景”；而经验学派关注风景价值对人（个体、群体）的历史、背景的反映，把风景作为人或团体的一部分，且从整体的角度加以把握。

地理学家将景观定义为一种地表景象，或综合自然地理区，或是一种类型单位的通称，如城市景观（如图1－1所示）、草原景观（如图1－2所示）、森林景观（如图1－3所示）、人文景观（如图1－4所示）等，是具有艺术审美价值和观赏休闲价值的景物。1885年，景观概念被德国人温默引入地理学科，引起了地理学界的关注。佐诺维尔德（Zonneveld）认为景观是地球表面空间的一部分，是由岩石、水、空气、植物、动物以及人类活动所形成的地域综合体，并通过其外貌构成一个可识别的实体。后来，德国地理学家冯·洪堡将景观定义为“某个地球区域内的总体特征”②，但是此时的景观含义基本上等同于“地形”，主要用以说

①郭向东．园林景观设计论述（上册）[M]．北京：中国民族摄影艺术出版社，2006．
②方李莉．传统与变迁：景德镇新旧民窑业田野考察[M]．南昌：江西人民出版社，2000．

明地壳的地质、地理和地貌属性。俄国地理学家进一步发展了这一概念,并赋之以更为广泛的内容,把生物和非生物的现象都作为景观的组成部分,并把研究生物和非生物这一景观整体的科学称为"景观地理学"。①

图1-1　城市景观

图1-2　草原景观

图1-3　森林景观

图1-4　人文景观

20世纪初,景观生态思想产生,景观开始作为生态系统的载体出现。1939年,景观生态学先驱、德国地理学家特洛尔(Carl Troll),将景观的概念引入生态学,提出"景观生态学"(landscape ecology)概念,并将其定义为"将地圈、生物圈和智慧圈的人类建筑和制造物综合在一起的,供人类生存的总体空间可见实体"②。另一位德国学者布克威德(Buchwald)发展了系统景观的思想,他认为景观是一个多层次的生活空间,是一个由陆圈和生物圈组成的、相互作用的系统。他进一步指出,景观生态的任务就是为了协调大工业社会的需求与自然所具有

①毛文永.建设项目景观影响评价[M].北京:中国环境科学出版社,2005.

②朱怀.基于生态安全格局视角下的浙北乡村景观营建研究[D].杭州:浙江大学,2014.

的潜在支付能力之间的矛盾①。但长期以来,没有明确提出"景观生态学"的概念,景观的生态学概念见于约翰·O.西蒙兹(John Ormsbee Simonds)所著的《景观设计学——场地规划与设计手册》一书。西蒙兹曾说:"它使我们理解自然是一切人类活动的背景和基础,描述了由自然和人造景观的形式、力量和特征引发的规划限制,向我们灌输了对气候的感觉及其在设计中的意义,讨论了场地选择和场地分析,指导可用土地及相关土地利用区的规划,考虑了外部空间的容积塑造,探讨了场地——建筑组织的潜力,寻找出富有表现力的人居环境和社区规划及近代规划思潮的历史教训,提供了在城市和区域背景下,创造更有效且更宜人的生活环境的导则。"②

除了从物质层面上对景观概念加以界定外,还需要了解景观中所包含的社会精神文化。景观是人们对历史文化创造性的表现,借助于景观这一载体表达某种文化精神,同时又从对不同景观的欣赏中获得精神上的满足感,从而得到更为丰富的社会精神文化。因此,社会精神文化一直贯穿于景观概念发展的始终,不容忽视。

综上所述,景观的概念虽然在不断地变化,但在以下两个方面已形成共识。

①狭义的景观是基于视觉和触觉等感官感受的美学意义上的概念,与"风景"含义相同。

②广义的景观即为文化景观,它是人类的生产活动与大自然相互作用所形成的共同作品,具有两个方面的含义:一是环境生态,包含地形、水体、山脉、植物、动物、气候、光照等自然因素,以及对这些资源的保护与利用所构成的生态环境;二是社会历史文化,包括蕴含于生态环境中的历史文化、民风民俗、行为方式、饮食习惯等与人们精神生活息息相关的东西,它们直接决定这个地区、城市或街区的风貌。

1.1.2 城市景观的基本内涵

城市景观(urban landscape)是指由人类生活在城市中创造的景观与原有自然景观相结合所形成的新的景观形式,是人类活动的痕迹(如建筑物、构筑物、街道、人造绿地、水体等)与自然环境(如山川、河流等)融合为一体的景观。根

①马晓.城市印迹:地域文化与城市景观[M].上海:同济大学出版社,2011.

②童欣.景观设计发展浅析及世博会景观设计研究[D].南京:东南大学,2007.

据景观规模大致可以划分为城镇景观、城市景观、大都市景观和城市群带景观等类型。城市景观既是人工景观与自然景观的有机结合,也是城市历史文化特色与空间物质实体的外在表现。英国规划师戈登·卡伦(Gordon Cullen)在*The Concise Townscape*一书中说,城市景观是一门“相互关系的艺术”,“一座建筑是建筑,两座建筑则是城市景观”①。也就是说,城市景观是城市中各种类型的景观资源与周围空间组织关系的艺术。它能客观地反映城市发展的现状,同时还能调动人的视觉、触觉、嗅觉等感官思维发生作用,从而在景观中融入个人的主观感受。诚如凯文·林奇(Kevin Lynch)所说:“城市景观是一些可被看、被记忆、被喜爱的东西。”②

城市作为人们最熟悉的生活环境,肩负着为人们提供工作、文化和生活空间的功能,它以其特有的文化、社会和经济背景,为人们的各种社会活动提供了所需要的场所空间、服务设施、信息传载、物资流通等物质条件与生活便利,满足了不同人群的生活需求和多元化发展的需要。但城市环境的建设不仅要能为人类提供生存发展的物质条件,还要使人在心理和精神上达到平衡和满足,使人类理想和精神在物质环境与自然环境中具体体现出来,这就对城市景观的发展提出了更高的要求。

城市景观的研究不仅要考虑相关的社会经济因素的限制,兼顾景观功能的实用性和形态的形式美感,还要注重城市空间格局,地域文化内涵的表达,城市整体的环境构架,地方特色的提炼,城市文化的定位,历史文脉的传承等多方面、多层次的内容。科学合理地利用当地的人文和自然资源,尊重自然、生态、文化历史,使人与城市环境建立一种和谐融洽的整体关系。

在城市化迅猛发展的过程中,伴随着科技的进步、城市文化的不断发展,也给城市带来了人口快速增长、空气污染、环境恶化、土地需求紧张、城市住宅的高密度和多样化、原有交通道路的超负荷通行、城市机能的高度集中和现代化、工业时代城市的社会结构和传统职能的改变、生态环境面临的危机等很多前所未有的一系列问题,这一切问题都将直接影响到我们未来的生存空间和生活方式,也给城市景观的发展造成了很多需要解决的问题(如图1-5所示)。

---

①尹海林.城市景观规划管理研究——以天津市为例[M].武汉:华中科技大学出版社,2005.

②荆福全,陶琳.景观设计[M].青岛:中国海洋大学出版社,2014.

图 1－5　城市景观问题组图

城市景观作为一种客观存在的、物化的空间与物质实体的外显，蕴含着复杂的精神文化内涵。这种内涵具体体现在以下 6 个方面。

1.1.2.1 城市景观的功用性

城市景观不仅要考虑其外显的形式美表达，当作一件艺术品去雕琢，更要意识到它是与人类生产与生活密不可分的空间形态之一，必须能够满足人们个体生活上的功能需要以及社会群体的诸多需求。从使用角度来说，城市景观的功能性更侧重于对社会群体的功用性的最大化，基于人们社会交往方式的需要，通过完备的基础设施、文化娱乐的公共设施、休闲游憩的公园绿地、健身运动的广场空间、促膝长谈的园林空间等多种形式表现出来，在最大化地满足人们生产、流通和消费需求的同时，也为城市的第二、第三产业提供了足够的发展空间。这是城市景观的第一功能，同时也是城市景观其他内涵的基础所在。正如英国建筑师和城市规划专家 F. 吉伯德（Freedderil Gibberd）所说："城市必须有恰当的功能与合理的经济性，但也必须使人看到时愉快，在运用现代技术解决功能问题时应与美融合在一起。"①也就是说，需要辩证处理功能与形式的关系，在功能因素得以较好实现的前提下，城市景观所蕴藏的深刻的社会内涵才能充分彰显。

1.1.2.2 城市景观的生态性

城市景观是人类活动作用于自然景观的产物，也是人类通过劳动创造开发、利用自然，并逐步将自然生态系统转化为城市生态系统的过程。从生态视角出发，城市景观的发展应以生态学原理为创造原则，在追求景观形式美与精神内涵

①F. 吉伯德. 市镇设计［M］. 程里尧，译. 北京：中国建筑工业出版社，1983.

的同时,最大限度地控制对自然环境的破坏,保护城市原有的自然资源和生物的多样性,维持区域内生态环境系统的稳定及可持续发展。实际上,从城市地域特征角度看,对城市生态环境的保护,也是保护城市地域特色的方式之一。城市特有的动植物资源有助于城市景观环境的营造,形成具有代表性的景观基质。《大地景观——环境规划设计手册》的作者约翰·O.西蒙兹(John Ormsbee Simonds)在书中最后一段话中指出,"景观设计师的终生目标和工作就是帮助人类,使人、建筑物、社区、城市以及他们的生活同生活的地球和谐相关"①,深刻地揭示了人类城市景观的生态性。

1.1.2.3 城市景观的文化性

各国对于"文化"一词的界定较多,也存在一些差异,但归结起来可分为两大类。一类侧重从精神角度去理解文化。例如,美国学者墨菲(Robert F. Murphy)将文化定义为:"文化意指由社会产生并世代相传的传统的全体,亦即指规范、价值及人类行为的准则,它包括每个社会排定世界秩序并使之可理解的独特方式。"②英国学者威斯特认为"文化或文明是一个复杂的整体,它包括知识、信仰、艺术、道德、法律、风俗,以及作为社会成员的人所具有的其他一切能力和习惯。"③美国文化人类学家林顿则认为"特定社会成员所共有的,传承的知识、态度和习惯行为类型的总和"④,可称之为文化。另一类则是兼顾精神与物质两个方面的内容,认为文化由二者共同组合而成。例如,英国人类学家马凌诺斯基在《文化论》一书中提出:"文化是指那一群传统的器物、货品、技术、思想、习惯及价值而言的,这概念包含着及调节着一切社会科学。"⑤美国人类学家赫斯科维茨认为:"文化是人类环境的人造部分。"《大不列颠百科全书》中讲道,文化是"总体的人类社会遗产","是一种源于历史的生活结构的体系,这种体系往往为集团和成员所共有,它包括语言、传统、习惯和制度,包括有激励作用的思想、信仰和价值,以及它们在物质工具和创造物中的体现"。

综合以上专家学者对"文化"的界定,我们可以了解文化具有物质和精神两

---

①曹伟.城市·建筑的生态图景[M].北京:中国电力出版社,2006.

②罗伯特·F.墨菲.文化与社会人类学引论[M].王卓君,译.北京:商务印书馆,2009.

③爱德华·泰勒.原始文化[M].连树声,译.上海:上海文艺出版社,1992.

④拉尔夫·林顿.文化树——世界文化简史[M].何道宽,译.重庆:重庆出版社,1989.

⑤马凌诺斯基.文化论[M].费孝通,译.北京:华夏出版社,2002.

个层面的属性。物质是精神积淀的物化表达,精神又反过来指引物质的发展。刘易斯·芒福德认为:“城市文化归根到底是人类文化的高级体现”,“人类所有伟大的文化都是由城市产生的”,“世界史就是人类的城市时代史”①。所以,我们对城市景观的理解也应该从物质和文化两个方面去分析。

城市景观的物质属性比较容易理解,在现实生活中不乏以某种实物的形态、空间为表达形式向人们展示的城市景观。例如,雕塑、候车亭、藤架、座椅、喷泉、公园、广场、历史建筑等。而城市景观的精神属性则是在物质形态的基础上,基于人们感官体验的心理作用,它的形成与人的精神世界密不可分。因此,可以说城市景观既是人们在衣、食、住、行等方面最基本的追求和差异的物化表达,同时也是人们价值观念和思维方式的具体体现,是人类社会组织制度、人们的价值观念和思维方式的载体。通过城市景观可以直观地感受城市人们的精神面貌、文化信仰、审美水平及经济发展等情况。简单而言,城市景观是物化了的精神,是一定社会的政治和经济在观念形态上的反映,并通过景观这种形式表现出来。由此可见,城市景观具有文化内涵。

1.1.2.4 城市景观的社会性

城市景观环境是为了满足人们对物质生活与精神文化的需要而产生的,但随着我国经济水平的提高,人们对物质生活的需求得到了较好的满足,对精神文化的需求也越来越高,这就对城市景观的发展提出了更高的要求。因此,城市景观具有深刻的社会内涵。美国人本主义心理学家马斯洛(Abraham Harold Maslow)提出了经典的需求层次理论,即人的需要包括5个层次:生理需要、安全需要、归属与爱的需要、尊重需要、自我实现的需要。这5个层次由低到高排列,通常而论,人们只有在大部分满足了低一级层次的需要之后,才能产生高一层次的需要②。城市景观环境与人的这5种需要是息息相关的。

除了与生理需要等密切结合外,城市景观环境的设置还需要与包括人们的交往方式在内的社会需要相吻合,否则就会产生问题。美国“普鲁伊特-艾格尔”(Pruitt-Igoe)住宅区就是因忽略了人的交往方式,而从“神坛”跌落的典型实例。1954年,该住宅区建于美国密苏里州圣路易斯市,本意是为了解决美国

---

①马晓.城市印迹:地域文化与城市景观[M].上海:同济大学出版社,2011.

②Abraham H.马斯洛.动机与人格[M].许金声,程朝翔,译.北京:华夏出版社,1987.

当时居住区严重分层的现象,关注社会底层群体,为低收入阶层设计住宅,并由设计师山崎实(音译"雅马萨奇")操刀设计。建成之初广受好评,被誉为"马赛公寓观点的发展",认为该建筑是美国住宅设计中的范例。但在投入使用几年后,住宅区却变得一片混乱,那些为了让低收入人群拥有更好的物质环境而建的儿童游乐区充斥着各种玻璃、罐头、废弃汽车的碎片和零件,卫生和电气基础设施也遭到人为破坏,建筑也损坏严重,社区治安环境混乱,成了滋生犯罪的温床。不得已于1972年炸毁了住宅区的大部分,而这一举动却赢得了居民们的一片欢呼。这次事件发人深思,研究表明,空间设置与社会文化因素严重脱节,是导致"普鲁伊特－艾格尔"住宅区建设失败的重要原因。

在低收入者聚居的邻里单位中,社会网络起着关键作用。美国下层居民尤其喜欢非正规的空间,在住宅的户外街道、低层住宅的门前、狭窄巷道的交叉口及杂货店的空地上,进行无拘无束的聚集与交往。新住宅区尽管拥有整齐规律的建筑、设计合理的社区公园、条件优越的基础设施,但缺少产生社会网络的空间基础,失败就在所难免。

1.1.2.5 城市景观的心理性

城市景观通过对周围环境要素的整体考虑和综合设计,为人们营造可供驻足停留、休闲娱乐、互动交流的空间,并利用人的感知和体验来传递景观空间信息,从而获得某种情感认同或心理感受。意大利建筑师布鲁诺·赛维(Bruno Zevi)说:"尽管我们可以忽视空间,空间却影响我们,并控制着我们的精神活动。我们从建筑中获得美感……这种美感大部分是从空间中产生出来的。"①事实上,基于视觉体验的审美感受只是景观空间传递给人们的最表面的心理感知,优秀的城市景观还可以引发人们产生亲切感、安全感、归属感、舒适感、幸福感或孤独感等更深层次的心理感受。

城市景观环境的好坏能直接影响身处在此环境中的人的情感、情绪感知。因此,景观环境与人的心理是息息相关的。例如,北京的798艺术区、上海的M50创意园、西安的半坡国际艺术区、云南昆明的创意仓库、杭州的LOFT 49街区(已于2019年11月1日闭园升级)等著名的艺术街区(如图1－6所示),吸引人们前去体验、感受的往往并不是某一位艺术家或某一件艺术品,而是艺术区的文

---

①布鲁诺·赛维.建筑空间论——如何品评建筑[M].张似赞,译.北京:中国建筑工业出版社,1985.

化底蕴和艺术气息。在一个好的景观环境中，人本能地会产生一种愉悦感，当置身于较差的景观环境中时，人立刻会产生一种厌恶感，进而不愿意在这样的空间逗留。因此，景观环境与人的心理是息息相关的。

图 1－6　艺术街区组图

1.1.2.6 城市景观的美学性

追求美是人类的天性，在塑造景观的过程中，注重功能性的同时也少不了对美的追求。城市景观的美涵盖的范围与容量较大：从地形、山水、地貌等自然环境之美，到具有地域文化代表性的历史文化景观之美，如北京的故宫、重庆的洪崖洞，以及法国的凡尔赛宫、雅典的卫城、意大利的罗马斗兽场等（如图 1－7 所示）；再到如上海的东方明珠、重庆的来福士、北京的银河 SOHO 等（如图 1－8、图 1－9 所示）以城市中地标性建筑为代表的现代建筑之美；还包括城市中的园林绿化、雕塑小品、壁画工艺艺术等，它们共同构成了城市景观之美。因此，城市景观的美学性不仅体现在某个单一的景观形态中，美学内涵更多的是通过城市中不同类型的景观之间的形态搭配、节奏与韵律、空间布局等多方面的共同作用所形成的协调和谐的整体性来表达。亚里士多德就曾论述：“美与不美，艺术作品与现实事物，分别就在于美的东西和艺术作品里，原来零散的因素结合成为统一体。”①因此，城市景观的塑造离不开美学相关知识的指导。

图1－7　历史文化景观组图

图1－8　现代建筑景观组图(1)

①杨辛，甘霖.美学原理新编[M].北京：北京大学出版社，1996.

图1－9　现代建筑景观组图(2)

1.1.3 城市景观的构成要素

从景观的实际应用层面分析，景观可分为狭义的景观和广义的景观。狭义的景观往往与园林联系紧密，将景观与园林画上等号，认为景观基本等同于园林，其构成要素也与园林相同，分为硬质景观和软质景观。硬质景观是指城市景观中人为建造的部分，主要有建筑及与建筑相关的构筑物、广场、雕塑、壁画墙体、喷泉水池、桥梁道路，以及可移动的车辆、飞机、船舶等，相对稳定不变的山体、丘陵、坡地、涵洞、河床等也在硬质景观范围之内。软质景观的范围则比较广泛，主要以植物、花草、自然水源和人工水体为主体。广义的景观是空间与物质的外在表现，是土地及土地上的空间和物体所构成的综合体。① 俞孔坚教授在《景观设计：专业科学与教育》一书中指出景观可被理解和表现为如下内容。

①风景：实质上是在一定的条件之中，以山水景物，以及某些自然和人文现象所构成的足以引起人们审美与欣赏的景象。

②栖居地：指人类在生活过程中，享受的周围空间和自然环境。

③生态系统：指由生活中的各种元素组成的具有结构和功能、内在和外在联系的有机系统。它是一种维系自身稳定的开放系统。

④符号：是指一种记载人类过去、表达希望与理想，赖以认同和寄托的语言和精神空间。

城市景观基本上采用了广义的景观定义，即城市景观是空间与物质的外在表现，是指景观功能在人类聚居环境中固有的和所创造的自然景观美，它可使城

①俞孔坚，李迪华.景观设计：专业、学科与教育[M].北京：中国建筑工业出版社，2003.

市具有自然景观艺术,使人们在城市生活中具有舒适感和愉快感。城市景观大致是由城市实体建筑、城市空间要素、基面和城市小品等4个部分组成,但并不是这些成分的简单堆砌,而是按一定原则组合在一起。这种组合生成的城市景观的整体框架如下①。

①城市形态,主要指城市形状、内部结构及发展态势。

②城市天际轮廓线,是从高处感受到的城市全景。

③城市轴线,是城市空间组织的重要手段。通过轴线,城市景观的各个组成部分被整合为一个有机的整体。例如,北京的中轴线、巴黎的城市中轴线等,都是较为著名的城市中轴线。

④城市色彩,是建筑物、道路、广场、广告、车辆等人工装饰色彩和山林、绿地、天空、水色等自然色彩的综合反映。

⑤城市体量,主要指城市尺度,包括平面尺度、立体尺度及建筑物尺度等。

每个城市都有属于这个城市独有的特征,具体而言,城市景观的构成要素可分为自然类要素、历史类要素、城市类要素等三类。其中,自然类要素包括城市的地形地貌、植被、水体及气候;历史类要素则包括在城市发展过程中长久以来形成的历史街道(区)、建筑遗产等;城市类要素包括城市所特有的传统活动、节日、地方传统产业、传统工艺等非物质景观。

1. 自然类要素

城市景观本身就是一个生态系统,自然类景观则是塑造城市景观的骨架,主要由地形地貌、生物植被、水体及气候等要素构成。在城市建设中,充分利用当地的自然因素不仅可以增加城市的自然神韵,美化城市,而且还能形成独特的城市景观效果②。例如,福州这座古城里的"三山两塔"、葱茏古榕、瀛洲花月、金汤温泉、庙宇烟绕以及幽深宁静的小巷,③这些层次丰富的自然景观共同构成了福州美丽的城市景观。又如四川省阿坝藏族羌族自治州的九寨沟国家级自然保护区,峰顶上有常年不化的积雪和一潭潭翠绿的湖水,由融化的积雪汇集而成的瀑布在悬崖间流淌,使人们领略了大自然创造的完整和谐的自然景观。

(1)地形地貌。地形是指地势高低起伏的变化,即地表形态。如山脉、丘

①曹琴. 风土——现代城市景观设计中的中国特色研究[D]. 南京:南京林业大学,2007.

②王燕. 潍坊城市景观中地方民俗元素的应用研究[D]. 济南:山东建筑大学,2010.

③方炳桂. 福州老街[M]. 福州:福建人民出版社,2000.

陵、河流、湖泊、海滨、沼泽等都归属地形。地貌是地球表面的各种面貌特征，如喀斯特地貌、丹霞地貌、流水地貌、雅丹地貌等（如图 1－10 所示）。地形环境是构成城市景观实体的基底和依托，是丰富景观空间层次的重要手法。

图 1－10　地貌景观组图

（2）植被。植被就是覆盖地表的植物群落的总称。某个特定区域的自然植被是植物群落同当地气候、土壤等环境要素博弈后所呈现的最佳状态，是自然景观中不可或缺的重要组成部分。城市植被包含在城市环境中发现的所有类型的植物，存在于城市森林、公园、路边、池塘和溪水周围，甚至是空地上。它们的存在与城市的自然景观环境关系密切，有助于减少噪声污染、净化空气、缓和风暴、保持水土，间接改善城市景观环境。

（3）水体。伊恩・麦克哈格说："水，作为侵蚀和沉积的媒介，将地质演化与现实地貌相联系。"①自然界中的水体形态丰富多变，或如溪、沟、泉、涧等以线状呈现，或如池、湖、湾等呈面状形态，是构成自然景观的重要元素之一，也是自然景观中最基本、最富有活力的要素。灵活运用水的波光、姿色、动静、声响与光影，可营造出"秋水共长天一色"的灵动、"北望烟云不尽头，大江东去水悠悠"的壮美、"黄河之水天上来，奔流到海不复还"的磅礴、"长沟流月去无声"的静谧、"日出江花红胜火，春来江水绿如蓝"的绚烂，为城市景观增添无穷魅力。

（4）气候。气候也是构成自然景观的要素之一，通过风、云、雨、雪、霜、雾、

①伊恩・麦克哈格. 设计遵从自然［M］. 朱强，许立言，黄丽玲，等译. 北京：中国建筑工业出版社，2012.

雷、电、光等形式，形成漂浮不定、丰富多彩、变化万千的自然景观。一日内的冷、暖、阴、晴、云、雾变幻莫测，宝光、蜃景、日出、霞光等转瞬即逝的绮丽景色都会给人们带来不同的美感享受。气候也因其活跃、富于变化的特质，创造了如骊山晚照、黄山云海、岱顶日出、海市蜃楼等气势磅礴、绚丽美观的自然景观。美国建筑师R. 欧斯金认为气候是城市规划的重要参数，特殊的气候需要特定的规划来反映。

2. 历史类要素

城市景观是人类精神活动的载体，是人们在长期的历史人文生活中所形成的艺术文化成果，是人类自身发展过程中对科学、历史、艺术的概括，并通过城市景观的空间、形状、色彩等方面表达出来，蕴含着人文价值和精神力量。历史类要素则包括在城市发展过程中长久以来形成的历史街道（区）、建筑遗存等。

（1）历史街道（区）。在《历史文化名城保护条例》中，将历史街道（区）定义为："城市中保留遗存较为丰富，能够比较完整真实地反映一定历史时期传统风貌或民族地方特色，存有较多文物古迹、近现代史迹和历史建筑，并具有一定规模的地区。"历史街道（区）是具有真实延续的生命力，能较完整地体现某一历史时期的风貌和地方民族特色的地区。它以完整的风貌体现着自身的历史文化价值，反映了城市的发展脉络，往往是城市中最繁华、最密集、最有活力的部分。如上海的田子坊街区、无锡市的清名桥历史文化街区、苏州市的山塘街、哈尔滨市的中央大街等（如图1－11所示）。

图1－11　历史街道（区）景观组图

（2）建筑遗产。建筑遗产不仅反映了当时一定的社会时代面貌，还反映了当时历史文化、生活方式的基本状况。它是彰显民族文化特征最直观的、无可替代的、物化的、最可读的一种语言表述，具有历史、艺术、科学和情感等诸多价值。它凝结着文明特征、国家意志、传统文化、民族精神、社会作用和经济动力，具有不可再生、极为稀缺的属性。因此，加强建筑遗产保护具有重要意义。如黄土高原的窑洞、重庆的吊脚楼、云南怒族的干栏式建筑、福建的土楼等（如图 1－12 所示）。

图 1－12　建筑遗产景观组图

3. 城市类要素

城市类要素包括城市所特有的传统活动、节日、地方传统产业、传统工艺等民俗文化景观。民俗文化景观是以民俗文化、娱乐体育活动、历史人物故事等为主的人文景观设计。① 民俗文化景观可以划分为装饰、建筑、节日庆典、宗教信仰、艺术绘画、歌舞音乐、工艺美术、饮食文化等景观表现形式。民俗景观属于历史人文景观中的一个重要部分，主要体现了当地乡土民俗文化或异域移植的民俗文化，因而极具浓郁的地方特色。正如景观设计大师俞孔坚教授所说："城市景观是一个民族及其文化身份的象征。"②如福建的客家文化、武夷山的茶文化、泉州的木偶戏与巫文化等。

1.1.4 城市景观的特点

首先，城市景观都是在一定的自然景观基础上建立起来的。自然景观不仅是城市景观发展的依据，也奠定了城市景观发展的基调，制约着城市景观的轮廓。如陕西黄土高原区沟壑纵生的地形地貌造就了陕西黄土高坡的景观轮廓，西藏高海拔的自然状况造就了"世界屋脊"的雄伟壮观、神奇瑰丽的自然景观。

---

①王红. 甘南藏文化民俗景观研究与应用[D]. 咸阳：西北农林科技大学，2012.

②俞孔坚. 论当代中国设计创新的大视野[J]. 上海美术，2004(3)：16－18.

其次,城市景观不仅是物质空间的外在表现,同时还蕴含着深刻的文化与精神内涵。关于这一点,从"景观"二字就可以体现出来。"景观"是"景"与"观"的有机结合:"景"是环境的风光,是现实的、客观存在的风景与景物,是可感知的实物;"观"则有看到的景象或样子之意,侧重点在"看"这一动作的过程,更倾向于对人们心理活动的关注,注重人的主观感受。有关学者认为城市景观应分为文化历史与艺术、环境生态以及景观感受等3个层次。文化历史与艺术层次主要表现一个城市或地区的建筑、街道、景观在风貌的表达上,其中蕴含着城市环境中的历史文化、风土民情、风俗习惯等与人们精神生活世界息息相关的文化因素;环境生态层次从生物学的角度研究影响城市发展的人文因素与自然环境之间的内部联系,研究涵盖了土地利用、地形、水体、动植物、气候、光照等范畴;景观感受层次则将视角转向了城市景观的使用者——人,是从人的视觉、触觉、听觉等出发的所有自然与人工形体及其感受的范畴。

最后,城市景观是一个不断发展、不断完善的系统,任何一个环节都是景观整体系统中不可忽略的重要组成部分,它们共同构建成一个有机整体。如果将城市景观中的城市实体建筑、空间要素视为"红花",那基面以及城市小品就如同"绿叶"。"红花"固然重要,但离开"绿叶"的衬托,也很难达到理想的效果。

1.2 城市景观的文化基因

1.2.1 文化与城市文化

《辞海》给文化下的定义是:"文化,从广义来说,指人类社会历史实践过程中所创造的物质财富与精神财富的总和。"《中国文化概论》一书指出:"文化的实质性含义是指人化或人类化,即人类主体通过社会实践活动,适应、利用、改造自然界客体而逐步实现自身价值观念的过程。"①如果把二者集中起来,可以将文化的定义概括为:文化是由各种元素组成的一个复杂的整体,从外延上讲,文化是人类社会实践过程中所创造的物质财富和精神财富的总和;从内涵上讲,文化是人类通过社会实践活动,适应、利用、改造客观环境(包括创造发明、创新、

①张岱年,方克立.中国文化概论[M].北京:北京师范大学出版社,1994.

发现)以实现自身价值的过程。文化包含了人类经济、政治、宗教、哲学、科学、教育、伦理道德、心理学、法律、历史、文学艺术、体育、军事等各门学科的成就与结晶,也包括从人类诞生以来创造的远自旧石器文化,近至当今的民俗文化、传统习俗、行为,以及各民族的精神、气质、个性的特质等所有"人化""人类化"的内容与形式。文化是一定的历史阶段、一定的地域环境、一定的人类种群的生存状态、生活习惯、思维方式的集中反映,是人类在长期的生产和生活中创造形成的社会历史的积淀物。同时,它又反作用于社会历史的发展,深刻地影响经济发展规律的选择、社会道德标准的建立和民众的生活品位的形成。

马克思主义曾指出:人是文化的主体,实践是文化的基础,文化是人的实践的创造物。可见,文化首先是一种已经形成的现象,不是人类头脑中固有的,是由人类在进化过程中衍生出来或创造出来的,并有赖于人类生活和社会活动而存在。① 文化创造是文化现象产生的源泉,也是文化具有超自然特性的原因所在。也就是说,一切纯粹的没有经过人类干预的自然现象,不论好坏,都不能称之为文化,只有经过人类有意或无意加工制作出来的内容才是文化。从这个意义上说,地质地貌、自然山水形成的景观,即使是纯粹天然造就的,人类也会将其加以高低优劣之分,很难用文化来加以诠释。② 反之,一种具有自然属性的事物,经过人类的创造性劳动,它的自然属性就与文化属性融为一体(如图1-13、图1-14所示)。文化是人类全部思想和行为的总记录,不同地域、不同环境背景、不同自然条件下,人类活动会产生不同的文化积淀,也就形成了文化的区域性。文化的区域性是指在同一民族文化背景下,不同的空间里产生、演变和发展的文化所形成的区域特殊性。但这种在政治、经济、文化、社会、行为、精神、习惯、风俗等方面所形成的独特个性(如图1-15所示),是在民族文化这一共性文化指导的基础上产生的,受到共性文化的制约。因此,在同一民族文化背景下,即使在地形地貌、建筑风貌、城市格局等方面具有明显差异的地域空间,仍具有某些相似的文化特质和文化共性。正如德国学者阿尔弗雷德·赫特纳(Alfred Hettner)在《地球上文化的传播》中指出的:"任何一个文化区域,在它背后都有强大的自然环境、经济生产方式、社会与精神结构的力量在支配着。"③

①单霁翔.文化景观遗产保护的相关理论探索[J].南方文物,2010(1):1-12.

②单霁翔.文化景观遗产保护的相关理论探索[J].南方文物,2010(1):1-12.

③盛邦和.内核与外缘:中日文化论[M].上海:学林出版社,1988.

图1－13 云南丙中洛雾里村

图1－14 泰山

图1－15 宏村

文化的形成是一个长期的过程。任何一种文化的形成和发展都与历史和社会的发展紧密联系，是在一定的历史阶段、地域环境下，由特定的人群参与，经过日积月累、潜移默化而逐渐形成"文化积淀"和"文化底蕴"的缓慢过程。社会发展的每一个阶段都会形成与其相适应的文化，并随着社会物质、精神的发展而不断调整变化，并始终维持着和谐状态。但这种和谐的前提是基于"适应"的"调整变化"。也就是说，每一次发展都是建立在延续传统文化背景的基础上的改造。在社会发展现状这一背景下，根据自己的经验和需要对传统文化加以改造，在传统文化中注入新的内容。因此，"文化本身是不断形成的、发展的、动态的，永远在延续、创造的过程之中"①。实际上，研究文化就是在研究人的生存状态，研究人的过去和未来。"文化是历史的积淀，它存留于建筑间，融汇在生活里，对城市的营造和市民的行为起着潜移默化的影响，是城市和建筑的灵魂"。② 文化系统中的各部分在功能上互相依存，在机构上互相联系，共同发挥社会整合和社会导向的功能。"文化关系一个民族的素质，渗透在社会生活的各个方面，它的教育、启迪、审美等动能，更多的是发生在潜移默化之中。文化如水，滋润万

①吴良镛．广义建筑学[M]．北京：清华大学出版社，2011.

②上海交通大学世界遗产学研究交流中心．世界文化与自然遗产手册[M]．上海：上海科学技术文献出版社，2004.

物，悄然无声"①。人既是文化的消费者，也是文化的创造者。凝聚中国匠人巧思妙想的古典园林是文化；体现中国智慧的跨海大桥、超高层建筑是文化；热闹的庙会、嘈杂的菜市场、安静平和的书吧、悠闲惬意的公园这些与生活息息相关的场所也是文化。当代人对于"文化"的感知更多地来源于对生活的体验。日常生活中聆听一首优美的歌曲、细品一杯清香四溢的茶、欣赏一部发人深省的话剧、参与一次说走就走的旅行，都渗透着文化的痕迹。

1.2.2 文化景观

文化景观的概念产生于地理学研究领域。"文化景观"一词是德国地理学家拉采尔（F. Razel）于19世纪下半叶在其《人类地理学》一书中首先提出的。他认为文化景观（当时称历史景观）是一个独特组合的各种文化特征的复合体。研究文化景观最有成效的是美国伯克利学派文化地理学家卡尔·苏尔（Carl O. Sauer），1927年他在《文化地理的新近发展》一文中，把文化景观定义为"附加在自然景观上的人类活动形态"，主张通过人文景观研究区域人文地理特征。我国著名人文地理学家李旭旦认为："文化景观是地球表面文化现象的复合体，它反映了一个地区的地理特征。"②因此，居住于该地的居民为满足其物质与精神等方面的需要，在自然景观的基础上，叠加文化特质而构成的景观，又称为人文景观，主要体现在聚落、建筑、园林、寺庙、纪念碑、石刻、音乐风格、书画题记、城镇、道路、产业观光等。波格丹诺夫把文化景观解释为人类积极地、有目的地参与而形成的景观，而改造了的文化景观则是"在非对抗性人类集团所掌握的高度科学基础上，人类有意识地改变的景观"。③

1992年12月，在美国圣菲召开的联合国教科文组织世界遗产委员会第16届会议中，文化景观作为世界遗产的一个种类被纳入《世界遗产名录》，并从世界遗产保护角度提出了文化景观的概念。该概念中"文化景观"已经从单纯的地理学名词转化成为世界遗产的一个重要组成部分。遗产公约对文化景观作了如下定义④。

---

①吴良镛. 国际建协《北京宪章》——建筑学的未来[M]. 北京：清华大学出版社，2002.

②蒋伯诺. 文化景观在观光休闲农业园中的营造研究——以舟山市存德堂为例[D]. 杭州：浙江大学，2013.

③戴代新. 景观历史文化的再现游憩为导向的历史文化景观时空物化[D]. 上海：同济大学，2003.

④上海交通大学世界遗产学研究交流中心. 世界文化与自然遗产手册[M]. 上海：上海科学技术文献出版社，2004.

①由人类有意设计和建筑的景观。包括出于美学原因建造的园林和公园景观,它们经常(但并不总是)与宗教或其他纪念性建筑物或建筑群有联系。

②有机进化的景观。它产生于最初始的一种社会、经济、行政以及宗教需要,并通过与周围自然环境的相联系或相适应而发展到目前的这种形式。它又包括两种类别。一种是残遗物(或化石)景观,代表一种过去某段时间已经完结的进化过程,不管是突发的或是渐进的。它们之所以具有突出、普遍价值,还在于显著特点依然体现在实物上。另一种是持续性景观,它在当今与传统生活方式相联系的社会中,保持一种积极的社会作用,而且其自身演变过程仍在进行中,同时是历史上其演变发展的物证。

③关联性文化景观。这类景观被列入《世界遗产名录》,以与自然因素、强烈的宗教、艺术或文化相联系为特征,而不是以文化物证为特征。

综上所述,可以认为,文化景观不仅是地球表面文化现象的复合表现,更是文化在空间上的反映,是人所创造的物质或精神劳动的成果总和,反映了在持续发展的社会、经济、文化力量的影响下,人类社会和居住地点经过历史的岁月而获得的价值。可以认为,文化景观是以文化为催化剂,以自然为媒介,以人类的创造为基础而形成的,是人类文化与自然景观相互影响、相互作用的结果,是自然和人文景观的复合体。“文化景观反映了人类和自然环境共同作用所展示出的多样性”。[①] 文化景观既包括平面的,也包括立体的;既包括自然的,也包括人为的;既包括静态的,也包括动态的;既包括物质的,也包括非物质的等。它们既是历史的产物,又记载了历史发展进化中的各种信息,反映了当代一个区域的政治经济、文化艺术、科学技术、宗教信仰、风俗民情等各方面的情况,并对推动该区域生态的维系、文化的延续、经济的发展和社会的进步具有十分重要的意义。

1.2.3 城市视角下的文化景观

城市是人类文化发展的结晶,城市的发展、变化、演进过程体现了人类文明的进程。城市的文化和历史蕴含了城市的特色和风貌,而这些特色和风貌都是以城市的文化景观为载体的。

所谓城市文化景观,是指城市以其外观建筑、公共设施、机关、学校、企业、商业、道路、交通、自然地理环境、社会秩序、治安状况、人际关系,以及内隐的法律、

---

①吕舟.第六批国保单位公布后的思考[N].中国文物报,2006-08-18.

制度、治理方式、价值观念、城市精神、生活、工作、行为方式等所形成的城市氛围，作用于社会公众主观意识综合后所形成的基本印象。城市文化景观是人们在创造城市的过程中，所形成的与城市相关联的文化景观，是文化景观的一部分。可以认为，小到城市中具有一定特色的单体建筑（住所、宗教、市场、交通等），大到河道、街巷、街区甚至整座城市等，均属于城市文化景观。

人生活在城市之中，创造了城市的一切物质、精神成就，而文化就是这些物质、精神成就的基础，它主导着人的思维，通过影响和塑造城市中人的行为模式、生活方式以及人格来强烈地影响城市的景观，决定城市的发展命运。正如西班牙巴塞罗那市在其文化发展战略规划报告中开篇提出的口号"城市即文化，文化即城市"（city is culture and culture is city），文化对一个城市的命运至关重要。①

为了共同保护文化景观遗产，与保护历史景观相关的准则和方针已被列入多项国际宪章和文件。例如：

1964 年的《国际古迹保护与修复宪章》（威尼斯宪章）。

1968 年的《关于保护受到公共或私人工程危害的文化财产的建议》。

1976 年的《关于保护历史或传统建筑群及其在现代生活中的作用的建议书》。

1982 年由国际古迹遗址理事会与国际历史园林委员会起草的《历史园林保护宪章》（佛罗伦萨宪章）。

1987 年国际古迹遗址理事会通过了《保护历史名城和历史城区宪章》（华盛顿宪章）。

1994 年的《奈良原真性文件》以及于 1992 年在巴西里约热内卢召开的联合国环境与发展大会上通过的文件《21 世纪议程》等。

世界遗产与当代建筑国际会议于 2005 年 5 月 12—14 日在奥地利首都维也纳通过了《维也纳保护具有历史意义的城市景观备忘录》（以下简称《备忘录》）。此《备忘录》针对城市类文化景观，提出了一整套保护具有历史意义的城市景观的重要准则和方针。

①概念：历史性城市景观的含义超出了"历史中心""整体"或"环境"等传统术语的范围，涵盖的区域背景和景观背景更为广泛。

---

①陈超，戴勇斌. 让文化"无孔不入"[N]. 文汇报，2002－06－28.

②发展的眼光:侧重当代发展对具有遗产意义的城市整体景观的影响。历史性城市景观及其建筑,应与社会、政治、经济发展态势协调互动,提高城市的社会和文化活力。

③方法:在不损害古城的结构及形式特点和意义中产生的现存价值的前提下,改善生活、工作、娱乐条件,从而提高生活质量和生产效率。因此,需采取新的方式方法来保护城市、发展城市。

就我国而言,历史文化名城即属于历史性城市。截至2018年5月2日,国务院批复了133座城市或地区(琼山已并入海口市,两者算一座)列为中国历史文化名城,并对这些城市的文化遗迹进行了重点保护。但我国历史性城市远远不止这些,还有大量的文化景观资源在我国城市化快速发展的过程中,被遗忘、破坏和损毁。由此,探索我国城市文化景观的保护及其与当代生活的协调互动,已成为现阶段极为紧迫的任务。

1.3 城市文化景观的特征

1.3.1 分化与整合

文化景观是社会活动的产物,渗透着人类的智慧。人是文化景观的创造主体,是文化景观形成的前提之一。因此,人受到不同自然和文化环境的影响,形成多种多样的区域性的、民族性的、时间性的社会背景与文化教育素养,使文化景观处于不断分化的运动之中,呈现分异的总运动趋势。也正因为文化景观这种永恒的动态发展过程,不断给予文化新的养分,促进其新陈代谢,源远流长。但随着科技的进步和全球化进程的加快,人们的视野日益扩大,不同区域、民族间的交流日益频繁深入,导致地域特色逐渐减小,文化景观的分异性渐趋减弱,逐渐被文化的融合与同化代替。特色鲜明的文化景观不断消减,繁复众多的文化景观类型因同化而减少,使得文化景观区在融合中逐步合并扩大。对自然景观而言,导致自然景观地域差异的原因,主要是受到纬度地带性、经度地带性和垂直地带性等自然要素地域分异规律的制约。人们为了适应区域自然环境的生活方式,不断探索着自然规律,以使自然环境能更好地满足人们的生活需要,自然景观在这一过程中不可避免地产生某些近似性、趋同性。

1.3.2 历时性与共时性

历时性和共时性是瑞士语言学家索绪尔针对语言学研究提出的概念。他认为对语言的历时性研究是对语言系统按照过去、现在和将来的时间顺序进行动态进化研究,即要研究语言各个要素的发展变化;而对语言的共时性研究则是排除时间的干扰,即注重对特定时刻的即时的、静态的语言要素的收集与关系研究。① 城市的形成和演变是一个不断发展的连续过程,随着社会物质生产的发展而发展,在发展过程中所形成的能记录人类活动印记和城市历史发展脉络的山水格局、城市脉络、建筑、街巷等产物构成了城市的文化景观。可见,城市文化景观是多种文化在特定区域内不同时间维度上所形成的历史产物,具有时空的连续性和延续性。因此,从历时性与共时性的维度来分析城市文化景观具有可行性。

从历时性与共时性的维度来看,可以发现,城市文化景观是一个兼具历史记忆发展与当下要素并置的综合体。城市文化景观中的各个要素随着时间的推移不断演化与更新,而那些承载着历史文化和记忆的景观要素会一直延续下来,在历史上的任何一个时刻都呈现出共存的状态,这恰恰显示出文化景观本身的丰富性、价值和魅力所在。城市文化景观作为历史与当下的结合体,在价值认知中,人们既要重视其历史精神,又要看到其蕴含的重要的时代精神。通过将文化景观的历时性和共时性辩证地结合起来,可以在价值认知中通过事物的表象去探索事物的本质,更好地去认知和传承文化景观所蕴含的精神。

1. 历时性——时间维度的历史层积的挖掘与保护

所谓历时性,即关注城市产生和发展的完整生命周期。正如《关于保护城市历史景观的建议》中对城市历史景观的定义为:“城市历史景观是文化和自然价值及属性在历史上层层积淀而产生的城市区域。”②历史层积是城市文化景观形成的基础过程和必经之路,只有通过对城市历史层积的深入挖掘和认知,才可以更加准确客观地反映出城市发展变化的不同历史时段,实现对遗产整个生命周期的文化挖掘和价值识别。

同时,历时性的理念不仅强调对不同时期历史文化的挖掘,而且还强调要以平等的眼光看待其各个时期的层积,即城市历史景观的不同历史层次,不论繁荣

①费尔迪南·德·索绪尔.普通语言学教程[M].高名凯,译.北京:商务印书馆,1980.

②UNESCO. Recommendation on the historic urban landscape[R]. Paris: UNESCO,2011.

或是衰败，都具有其独特的价值和意义，不存在高下之分。① 因此，对城市层积的挖掘应按照历史发展全面铺开，采用时间分段的研究方法，形成城市动态、发展的全过程描述和研究，从而探讨和认知其历时性。

一般情况下，城市的层积过程可以用初生、成长、兴盛和衰落等4个阶段来概括。在初生期间，不同城市由于军事、商贸、产业等不同的发展动因从无到有地发展起来，呈现出比较简单的点状或线性结构状态；进入成长期，由于多元的外力因素的渗透，城市的发展规模越来越大，功能内容也越来越丰富，开始呈现多元复杂的结构状态；而发展到兴盛期，城市的社会职能及发展规模逐渐稳定，城市格局也逐渐系统化和秩序化；最终进入衰落期，原有的发展动力逐渐被替代，城市格局开始逐渐消解，街巷、建筑等呈现衰败废弃的趋势。但在城市的实际发展过程中，根据其具体情况，可能还会出现停滞、动荡、复兴等不同的发展阶段，在具体研究中应加以灵活思考。②

2. 共时性——空间维度的景观特征的识别与保护

共时性的概念则是从空间角度出发，关注当代时段下所呈现的景观特征，强调并重视城市当下层积所展示的共时性，保护"此时此刻"的遗产，注入新的价值，而不是对过去历史的过分追溯和崇拜。这种观念否定了国内频频出现的"梦回大唐"等一系列不尊重当下遗产的做法。

同时，当下我们所看到的城市文化景观是其多个不同历史时段层积影响的结果，是不同时期共时性的体现。因此，历时性是过程，而共时性是结果，对于结果的认知，一方面要基于对其历时性过程的挖掘；另一方面也应从景观空间层面出发，采用从宏观到微观分层次的研究方法，形成对历史城镇当下共时性景观特征的全面识别，并基于此提出具有针对性的保护策略。

一般情况下，共时性的景观特征识别从宏观到微观主要有城市布局、街巷格局和建筑秩序等三个层次：①城市布局是指城市的人工环境与外围山水格局环境的空间结构关系，分布于平原、山脚或丘陵地带，其中包含了动与静、对比、和谐等多种多样的形式美特征③；②街巷格局是指城市中街巷呈现的整体格局，是

①UNESCO. The HUL guidebook：managing heritage in dynamic and constantly changing urban environments [M]. UNESCO World Heritage Centre，2016.

②肖竞，曹珂. 基于景观"叙事语法"与"层积机制"的历史城镇保护方法研究[J]. 中国园林，2016，32(6)：20－26.

③李和平，肖竞，曹珂，等."景观－文化"协同演进的历史城镇活态保护方法探析[J]. 中国园林，2015，31(6)：68－73.

城镇形态的骨架与支撑，不仅组织了城市内部的交通服务，更是城市社会公共生活的大舞台，其整体格局多为树枝状或者网状分布；③建筑秩序是指城市中建筑组织表现出来的特征秩序，比如我国传统的合院式建筑，即以庭院或天井为核心，外围封闭，内部敞开，整体中轴对称，这是典型的传统家族宗法观念在建筑空间上的体现。

1.3.3 地域性

城市产生于特定的地理环境，也处于不同的城市文化地域之中，不同城市的发展历史和社会背景所积淀、留存的文化特色也不尽相同，所呈现的文化景观也具有不同的表现方式和文化内涵。这就如同上海和重庆，虽同是直辖市，但受到自然地理条件的限制和城市发展性质的制约，以及城市传统文化背景的约束，呈现出不同的地域特色。上海地处江南，坐落在长江三角洲的大平原上，位于我国南北海岸线的中点、长江入海口的南岸。独特的地理成因，形成了上海地区平畴坦荡、江河纵横的自然景观特点，造就了著名的上海滩。同时，上海也是我国最早对外开放的城市之一，兼容并蓄了中外文化，形成了别具一格的“海派”特色，在建筑风格中的表现尤为突出。重庆地处长江中上游和中国中西部地区的接合部，位于四川盆地的东南部。春秋季节雨量充沛，常年有雾，形成了“雾都”的自然景观。城市依山而建，三面环江，形如半岛，形成了魔幻的“8D 山城”的城市结构。重庆最具特色的建筑景观则是背靠高山，面向江水而建的吊脚楼。两座城市所呈现出的截然不同的城市结构布局、街道特色、建筑风格、山水意象等都是城市文化景观地域性的表现。

可见，城市文化景观是场所空间、历史、时间、居住形态等物质形态与地域文化相互关联的产物。在城市发展的漫漫历史长河中，所留下的大量历史街区、传统建筑、园林风景以及民间风俗等资源，共同构成了城市独特的地域文化，也是城市文化景观特色的具体体现和宝贵财富。在挖掘城市文化景观特色时，不能仅停留于城市风貌、历史建筑特征以及文物古迹等能激发人们直观记忆感受的文化景观研究，更要透过这些物质层面的文化遗存来研究城市的地域文化特质和“场所精神”。意大利建筑师阿尔多·罗西认为城市是文化传承的载体，城市建筑往往会通过独特的符号和组合方式，转化成一个地点的历史，与个人和集体的记忆交织成“场所精神”，在时间的长河中凝聚城市的特质和文脉，延续城市的历史和人文价值，从而形成一座有独特个性和魅力的城市。挪威建筑理论家诺伯舒兹（Christian Norberg Schulz）于 1979 年从建筑学的角度提出了“场所精神”(genius loci)的概念,在1980年发表的《场所精神:迈向建筑现象学》一书中,他认为:“场所是一种人化的空间,它的物质和精神特性被认同后,就折射出场所精神。”①场所精神由区位、空间形态和具有特性的明晰性明显地表达出来,现代人感知场所精神的主要路径是“方向感”(orientation)和“认同感”(identification)②,即人意识到自己身在何处,而且知道此处与自身的关系。这个场所不仅具有一定的特性,而且对身处其中的人来说具有一定意义。

文化景观不仅具有地域性,而且具有鲜明的时代性。文化是运动着的、变化着的、发展着的,是随着时间变化而发生变化的动态性概念,而时间在这里作为文化的一个属性,反映出文化的过程性、连续性和变化性。因此,特定的城市文化景观具有特定的时间和特定的空间相统一的特征。对于城市文化景观应从三个层次去全面理解:第一个层次“环境的景观”是指城市的地理地貌、建筑风格、空间结构、景观脉络等;第二个层次“生活的景观”是指城市的人文景观,如人们的生活交往方式、人的素养、风俗习惯、节日等,而这些又是街道、广场景观的主要组成部分;第三个层次“社会文化的景观”是指隐蔽在前两者之中的社会结构、城市历史、文化内涵,乃至宗教、法律、政治、经济等社会因素。因此可以说,城市文化景观是由“结构”的内涵属性与“具象表现”的外延共同组成,不仅有实物形象的“硬质要素”,也有社会文化的“软质要素”。城市文化景观是城市社会、经济、文化、历史等因素紧密地联系在一起的。它是城市特质和标志的体现,通过城市文化景观也可以折射出城市社会、文化生活的各个方面。所以,实现城市文化景观的可持续发展是实现城市整体社会环境可持续发展的重要一环。

1.4 城市文化景观的优化

1.4.1 城市文化景观设计

城市是人类文化的结晶,城市的历史和文化孕育了城市的风貌和特色。城市文化景观主要包括历史文化古迹、城市结构、街道空间、建筑群体、社会风情

---

①诺伯舒兹.场所精神:迈向建筑现象学[M].施植明,译.武汉:华中科技大学出版社,2010.

②同上。

等，它们之间相互重合、交错，从而构成了独特的景观风貌。① 因此，城市文化景观设计不仅是设计师关于艺术的自我表达，还是城市视觉环境、历史文化、物质环境、社会价值、社会生活场景、内在精神的综合表达，是一个多科学、多角度的综合性过程。城市景观设计是用综合的途径来解决城市发展与自然生态环境、已存城市环境如何协调发展的问题，以及如何恰当地把城市拥有的独特的自然景观因素和具有历史文化意义的人文景观因素融入不断变化、发展的城市景观体系中去。

城市文化景观是城市社会环境、文化蕴涵与精神世界的物化表达，是人们获得城市印象最直观的方式之一。这种城市印象的获得仅仅靠几幢新建的地标性建筑物，历史遗留的古城肌理、历史文化街区、历史建筑，开阔平坦的文化广场，或是优美静谧的城市公园是难以创造出来的。每个城市所特有的个性与内涵是通过其独特的地理和地域环境，特有的历史、人文景观和生活方式在历史长河中逐步演变而来的，是一种由内到外、自然而然的发挥与表现，是城市审美理想、价值取向、人文理念及意蕴的外在表达，如意大利维罗纳城区仍静静讲述着罗密欧与朱丽叶的故事（如图 1 – 16 所示）。城市文化景观设计应充分研究城市有价值的景观资源，全面梳理城市景观的结构体系，从而根据城市文化景观的价值、知名度、公共性水平，以恰当的方式建设不同等级、不同层次但相互连接的城市文化景观体系，为城市生活提供丰富多彩的背景环境，如美国纽约的中央公园（如图 1 – 17 所示）。

图 1 – 16　爱之都——维罗纳的景观组图

①凯文·林奇. 城市形态[M]. 林庆怡，译. 北京：华夏出版社，2001.

图1－17　纽约中央公园的景观组图

1.4.2 城市文化景观设计的意义

美国学者凯文·林奇(Kevin Lynch)认为:“城市可以被看作是一个故事、一个反映人群关系的图示、一个整体分散并存的空间、一个充满矛盾的领域。”①每一个城市都有它独特的自然地理特征与文化积淀,因此在城市空间结构、建筑风格、风土人情和民间习俗等方面存在明显的差异性,呈现出与其他城市不一样的风貌特色。从文化景观到历史街区,从文物古迹到地方民居,从传统技能到社会习俗等,这些带有城市自身地域文化特点的物质和非物质遗产,都会随着时间的推移慢慢地积累起来,最终植根于人们的脑海中,形成对这个城市文化和特色的记忆。

可以说城市靠记忆而存,记忆是一个城市的精神与灵魂。② 将城市的文化记忆与景观结合起来可以将过去和未来具体生动地联系在一起,从而使文化景观记忆随着时间的流逝而在特定的景观空间中形成。③ 城市景观记忆是城市的形象身份,这种记忆是基于城市的历史、文化和环境生态变迁而产生的。历史遗址是作为可见的城市记忆存在的,它记录了城市自然与人文随着时间引发的演变。④ 当人们通过地标建筑、历史遗产等文化景观记住某一城市之时,记忆就成为人、场所和这座城市之间的一种联系,成为三者交流的共同“语言”。这种对历史文化的共同的美好记忆会使人产生亲近感、温暖感和安全感,从而激发人们

---

①贾侨生.城市记忆视角下历史街区活力复兴设计研究[D].重庆:重庆大学,2018.

②王敏.城市记忆——漫谈基于历史环境的城市开放空间景观设计[J].城市建设理论研究(电子版),2014,36:4896－4897.

③杨茂川.环境景观设计中的城市记忆[J].城市发展研究,2006(5):41－45.

④谭侠.文脉传承载体——城市记忆空间初探[D].重庆:重庆大学,2008.

的情感共鸣，也有助于增强集体的凝聚力与向心力，增强城市市民的认同感和归属感。城市景观在记忆中所融入体现的人文精神，也潜移默化地传达着这座城市所特有的思考方式、文化价值和精神态度，建立起人们在时空上沟通的精神桥梁，塑造城市场所独特的精神和文化。

1.4.3 城市文化景观设计的本质

城市文化景观设计是在城市特定环境的前提下，研究各种景观要素在功能、美学、心理学等方面的构成因素，探寻景观中城市物质环境与文化内涵相互融合的有效存在方式，从而满足人们对所属时代的物质、审美、心理及价值观的需求。可见，其本质是人们对于美好生活环境的追求，为人们提供实用、舒适且富有美感的公共活动场地。

一个优秀的城市景观设计，往往会关注人们在物质与精神方面的融合，注重城市文化的原真性、文脉的连续性以及历史文化环境的保护，弘扬地方性文化，延续“场所精神”，最大限度地降低设计对现有社会、物质环境及自然环境的干扰度。例如，当代科学家钱学森教授则根据我国传统山水文化中的山水人情，建构了现代山水城市的理想生活境界等。

因此，城市文化景观设计应以创建满足人们生活需要、维持城市自然生态平衡、蕴含城市历史文化底蕴、体现城市精神的宜人景观为中心，合理利用景观资源，构建层次丰富的景观结构和具有文化内涵的建筑，营造以满足平衡稳定的生态系统、干净整洁的城市环境、优美惬意的景观视觉等要求的景观空间。满足人们多样化的生活需求，从而建造一个安全、和谐并富有人情味的人类聚居环境。

第 2 章

襄阳城市文化景观意象组织架构及价值的生成

襄阳市地处湖北省西北部,居汉水中游,秦岭大巴山余脉。诸多历史文献中记载,襄阳因位于襄水之阳而得名,是一座具有悠久历史的古老城市,但所指并非现在的襄阳市。历史上的襄阳市经历了两次更名:1949 年以后将被汉水一分为二的南北两城(南为襄城,北为樊城),合二为一称襄樊市,1983 年襄阳地区并入地级襄樊市;2010 年 12 月襄樊市更名为襄阳市,原襄樊市襄阳区更名为襄阳市襄州区。古代的襄阳大致相当于现在的襄阳市襄城区和襄州区部分地区,樊城大致相当于现在的襄阳市樊城区。目前,襄阳市管辖襄州、襄城、樊城等 3 个城区,枣阳、宜城、老河口等 3 个县级市,南漳、保康、谷城等 3 个县,以及襄阳高新技术产业开发区、襄阳经济技术开发区、襄阳鱼梁洲经济开发区等 3 个开发区,总面积达19 700平方千米。

1986 年,襄樊市(现襄阳市)被国务院公布为全国历史文化名城之一。在《国务院批转〈城乡建设部、环境保护部、文化部关于请示公布第二批国家历史文化名城名单报告〉的通知》中这样描述:“襄阳周属樊国,战国时为楚国要邑,三国时置郡,后历代多为州、郡、府治。襄阳城墙始建于汉,自唐至清多次整修,现基本完好,樊城保存有 2 座城门和部分城墙。文物古迹有邓城、鹿门寺、夫人城、诸葛亮故居、多宝佛塔、绿影壁、米公祠、杜甫墓等。”

古襄阳城在 2 800 多年的历史长河中,历代为军事重镇,历史上发生了许多著名的军事战役,素有“华夏第一城池”“铁打的襄阳”“兵家必争之地”之称。其间,英才名士也如繁星,堪称人文荟萃。悠久的历史、灿烂的文化、众多的英才,为襄阳留下了大量的名胜古迹和逸闻趣事。市域内现已查明各时期的文化遗址 200 多处,有些文物古迹堪称世界之最。而古樊城则是两城经济活动的集中地,借助于四通八达的交通地位和汉江水运资源,成为南下和北上的物资集散地、区域经济发展中心,有“南船北马”“七省通衢”之称。

襄阳交通优势突出,区位优越,交通便捷,自古即为交通要塞,素有“南襄隘道”之称,历代皆为南北通商和文化交流的通道。襄阳西接川陕,东临江汉,南通湘粤,北达中原,是鄂、豫、渝、陕等 4 省份毗邻地区的交通枢纽。如今“一条汉江、两座机场、三条铁路、四通八达公路”是襄阳水、陆、空立体交通的写照。尤其是高速公路发展十分迅速,以襄阳市为中心的高速公路呈“十”字形与周边城市相连,可与相距 1 000 千米左右的大城市朝发夕至。襄阳正在成为鄂西北及鄂、豫、陕、渝毗邻地区的物流中心,樊城有华洋堂、武商百货、天元 · 四季城、泛悦 mall、绿地 · 缤纷城等,襄城有鼓楼商场、武商襄城购物中心,人民广场有解放路品牌专卖店一条街,另外还有中豪襄阳国际商贸城、襄阳星泓天贸城、襄阳华中光彩大市场等。襄阳的人力资源丰富,科研院所、大学院校、金融机构、医疗单位等的建设,在鄂西北及毗邻地区处于较领先地位。

2.1 空间语言——襄阳城市文化景观的基本格调

2.1.1 自然地理条件

2.1.1.1 地理位置

襄阳位于湖北省西北部,地处中国南北方过渡地带,汉江流域中游,东接江汉平原,西临巴蜀,南连粤湘,被汉水穿城而过,南岸为襄阳,北岸为樊城,现在分别为湖北省襄阳市的襄城区和樊城区。两城隔汉江相望,在历史上曾是军事与商业重镇、交通要塞。

据《太平寰宇记》记载:"襄州,襄阳郡,今理襄阳县。"①据《元丰九域志》记载:"太平兴国三年分南、北路,后并为一路,熙宁五年复为二路。南路……望,襄州、襄阳郡,山南东道节度。治襄阳县……紧,襄阳。望,光化。望,邓城。紧,谷城。中下,宜城。中下,中卢。中下,南漳。"②可见,历史上襄阳一直作为府、州治所存在。而樊城最早见于东汉,《水经注》云:"桓帝幸樊城,百姓莫不观。"③可知至东汉时,已有樊城。此时,樊城与鄾城、邓城三城并存。南朝齐以后,邓城、鄾城被逐步废弃,樊城作为与襄城南北隔江并立的城镇得到了同步发展,但其城市性质已悄然改变,政治地位逐步弱化,而商贸地位逐渐加强,并逐步形成今天襄城、樊城的城市格局。据《湖广图经志》记载:"挟大江以为池,而崇山以为固……南极湖湘,北控关洛,独霸汉上。"④

据《襄阳府志》记载:"襄阳居全楚上游,东瞰吴越,西控川陕,南蔽荆衡,北接宛洛。"⑤这句话清晰地说明了襄阳所处的位置和其交通条件。

襄阳地处长江中游江汉平原的北端,北接南襄盆地之南口,山脉自东向西两方逼近,汉水夹于其中。襄阳市城区城市结构为组团式江城,雄峙汉水两岸。汉水南岸的襄城(即宋襄阳城),下控汉水,东西南三面护城河甚为宽敞,平均宽度为180米,最宽处为250米,乃世界之最,且至今保存完好。城西有万山,北临汉水,南与顺安山相接,形成襄阳城西的天然屏障。城南耸立着险峻的岘山,组成

---

①(宋)乐史.太平寰宇记[M].北京:商务印书馆,1936.

②(日本)嶋居一康.元丰九域志[M].日本东京:中文出版社,1976.

③(北魏)郦道元.水经注[M].长沙:岳麓书社,1995.

④(清)薛纲.湖广图经志(影印本)[M].北京:北京图书馆出版社,2002.

⑤(清)陈锷.襄阳府志[M].武汉:湖北人民出版社,2009.

襄阳城南的天然屏障，地形为东低西高，呈三角形，东、北以汉江为界，江岸主要为沿江平原，西南部岗地、丘陵、山地交错分布。汉水北岸的樊城（即宋樊城），以平原为主，与襄城隔汉水北望，遥相呼应，形成犄角之势。如图2－1所示，其为襄阳府古城图，从图中我们可清晰地看到府城内的结构分布。

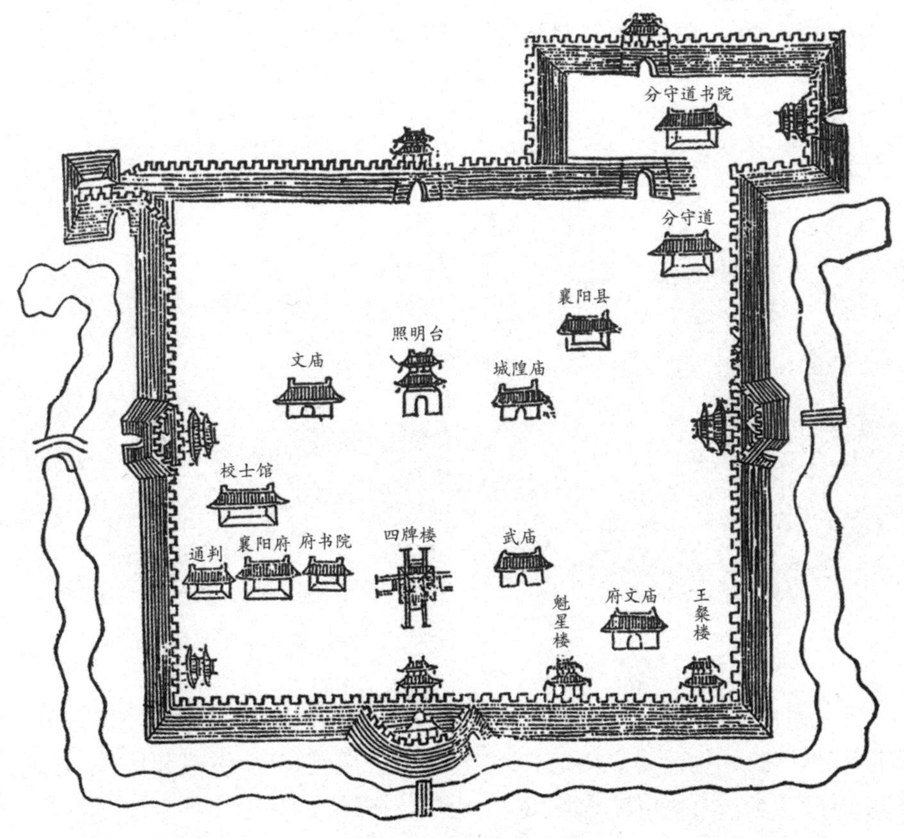

图2－1　襄阳府古城图

2.1.1.2 地质地貌

襄阳市地处中国地形第二阶梯向第三阶梯的过渡地带。地势西北高、东南低，西部为山地，东部为低山丘陵，中间岗地平原低平，起伏较大。全境山区面积大，平原面积小，其中，西部山地面积约8 000平方千米，占地面积40.6%；东部低山丘陵面积约3 000平方千米，占15.2%；中部岗地、平原面积约8 700平方千米，占总面积的44.2%。地表形态多种多样，北部是桐柏和武当两山之间的鄂北岗地，其地形波状起伏；西部为山区，主要有荆山山脉；东南部是低山丘陵区；

中部地势平坦，为本区的主要农耕区，是在汉江和唐、白、滚、清等河的冲积作用下形成的河漫滩堆积平原。襄城区和樊城区所属的中部处于岗地平原，长山、扁担山、隆中山等横贯其间，北部有鄂北岗地，南属江汉平原的宜钟夹道。从图2－2中可以看出，襄阳地处汉水中游河谷地带，汉水自秦岭山地发源后由西北向东南贯穿襄、樊两城，在两岸形成了较为肥沃的淤积平原，加上适宜的气候、密集的水网，为人类的繁衍生息提供了得天独厚的条件。

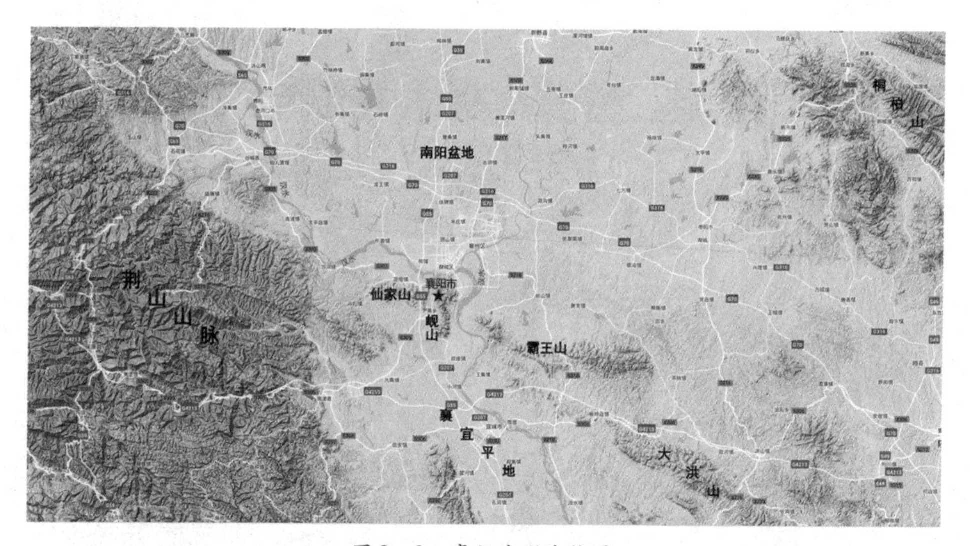

图2－2 襄阳地形地貌图

鄂北岗地位于武当山、大洪山、桐柏山等3座山脉之间，素以三北（襄阳、枣阳北部和光化）岗地著称。岗地自北向南倾斜，岗垄相间，波浪起伏，相对高度多在10～20米。岗地相对平坦、宽广，土层较深厚。

鄂西山地位于襄阳西部保康、南漳、谷城等3县的荆山山脉和武当山余脉，系鄂西山地的东段组成部分。这一地带的山脉为页岩、砂岩及薄灰岩所构成，山脉走向大都东－西或西北－东南向。除河流峡谷外，山区地势多在海拔400米以上。山峦群落以中山为主，1 000米以上的山峰约400座。位于保康西部与神农架林区交界的关山，海拔2 000米，为境内最高山峰。

鄂东丘陵区东部的大洪山脉、桐柏山脉南北对峙，为鄂东低山丘陵区的西段。这一地段的山群多为红色砂砾岩层，山脉呈西北－东南走向。桐柏山位于随枣北部，以低山为主，海拔多在200～400米，小部分在400～1 000米，最高峰太白顶海拔为1 143米。桐柏山为淮河发源地。境内的大洪山亦以低山为主，主峰坐落在随县三里岗镇,海拔1 055米。除上述3种主要地形外,由于汉水从西北向东南贯穿襄阳,形成沿岸河谷小平原。在大洪山、荆山两山脉之间,则形成开阔的冲积平原,为江汉平原的北端组成部分。

2.1.1.3 自然山水

襄阳拥有山明水秀的自然山水,临江靠山,东有大洪山、桐柏山对峙为门户,西有武当山、荆山雄踞为屏障,据《襄阳府志》记载:“檀溪界其西,岘首亘其南,汉水如带萦乎东北,楚山若屏峙乎西南,此天然之形势也。”①从县志图(如图2-3、图2-4所示)上也可以看出其背山面水的自然山水格局。山体是古城的自然屏障,改善了古城的气候,丰富了城市的景观;水系不仅作为自然条件改善了古城的环境,而且担负着沟通汉水上下游以及联系汉江两岸的重任,可称其为“经济与文化交流的使者”。襄阳城西南有万山、楚山、岘山等十余座山峰,共同构成了襄阳城西南外围的天然屏障,此外还有汉江环绕,东南方向有孟浩然隐居的鹿门山,西边有诸葛亮隐居的隆中山,这些自然山水都为襄阳的历史人文提供了良好的自然基础。

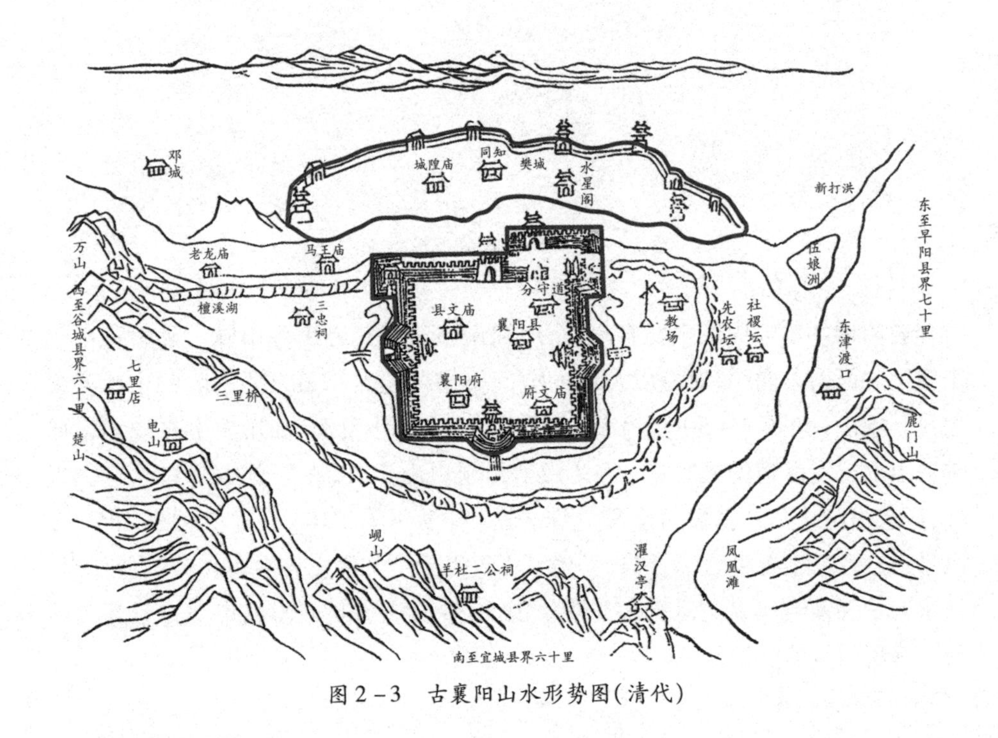

图2-3　古襄阳山水形势图(清代)

①(清)陈锷.襄阳府志[M].武汉:湖北人民出版社,2009.

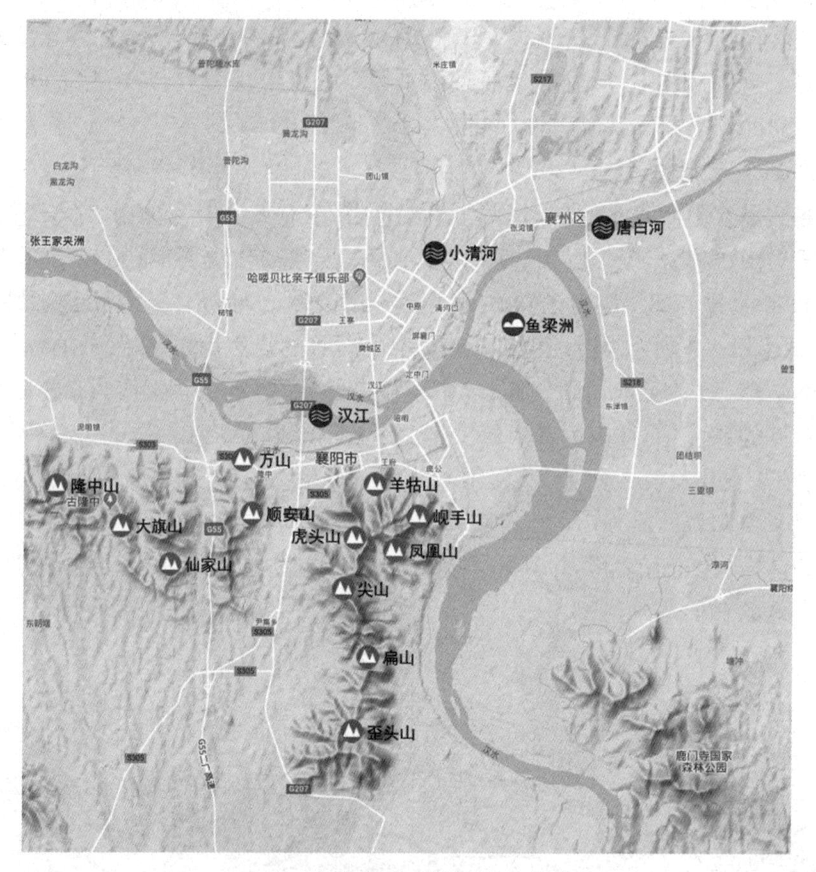

图2-4 襄阳的自然山水要素图

襄阳市主城区周围主要有岘山、鹿门山、隆中山、万山等山脉。其中岘山位于襄阳城西南方向，是对襄阳古城的空间格局营建具有最重要影响的山体要素之一。岘山（如图2-5所示）蕴含大量的历史文化资源，如历史上在岘山之始岘首山上反复修建的岘首亭，后又为了抑制岘山生长，在岘首山之巅修建文笔峰，还有为纪念羊祜将军而建碑立庙。据《晋书·羊祜传》记载："祜乐山水，每风景，必造岘山，置酒言咏，终日不倦。"①历朝历代大量文人墨客在此吟诗作对，并留下了许多经典人文建筑和景观。因此，岘山成为与襄阳城市文化景观关系最为密切的自然要素之一。

①（唐）房玄龄. 晋书[M]. 上海：中华书局，1996.

图2-5　岘山

鹿门山位于城东南15千米处,又名苏岭山(如图2-6所示)。明代石刻本《下荆南道志之四》中刊载了这段历史:“鹿门山,襄阳县东南三十里,汉光武梦苏岭山神,命习郁立祠,因刻二石鹿夹道竦山寺如门。山上有清泉,茂林映带左右。庞德公居焉,后唐庞蕴皮日休孟浩然亦俱隐此。”①鹿门山林木繁茂,葛藤缠绕,唐代田园诗人孟浩然中年仕途不顺离开家乡涧南园后,便一直把这里作为隐居之地,并留下了“渐至鹿门山,山明翠微浅。岩潭多屈曲,舟楫屡回转”②等千古绝唱。

---

①(明)鲁之裕.湖北下荆南道志:校注本[M].武汉:长江出版社,2015.

②(北魏)郦道元.水经注[M].长沙:岳麓书社,1995.

图 2-6　鹿门山

襄阳城西南方向还有一座名山——隆中山（如图 2-7 所示），不仅有古隆中风景区，还有“三顾茅庐”和“隆中对”等历史佳话。据《汉晋春秋》记载：“亮家于南阳郡邓县，距襄阳城西二十里，号曰隆中。”①隆中山因三国时期诸葛亮在此隐居多年著名，是三国文化的源头。《旧志》中记载，“山有十景，曰：三顾堂、六角井、古柏亭、躬耕田、梁父岩、抱膝石、老龙洞、小虹桥、半月溪、野云庵，皆在是山中”。②

---

①（东晋）习凿齿. 汉晋春秋[M]. 北京：中华书局，2017.

②（清）陈锷. 襄阳府志[M]. 武汉：湖北人民出版社，2009.

图2－7　隆中山

水是生命之源。城市是人口集中之地，对饮用水的需求量相对较大，因此它多建在水资源丰富的江河附近。襄城与樊城夹江而立，襄水和汉江是襄阳独特的水体要素。襄水，亦称襄渠，“城在襄水之阳，故曰襄阳”①。根据《襄阳府志》中的描述，襄水为城“南诸山所汇，每岁秋泛涨，民地方余亩辄为泽国，渠渐淤塞，遂至冲及城壕”②“襄水则凡西南诸山所出之水，有长渠入于汉者皆是”③。由此可见，古南渠自万山脚下檀溪水分流，到岘山合流，可见南渠是襄阳建设史上结合自然建设的重要标志。

除襄水之外，汉江也是襄阳重要的自然山水要素。历史上襄城和樊城依托汉江两岸得以形成和发展，使得襄阳享有“一江碧水穿城过”“汉水接天回”的美誉。汉江作为襄城和樊城的母亲河，其对于城市格局的形成和发展有着不可忽视的作用。汉江与襄、樊双城的城墙形态也有着紧密的关系，历史上汉江河道的

①（北魏）郦道元．水经注［M］．长沙：岳麓书社，1995．
②（清）陈锷．襄阳府志［M］．武汉：湖北人民出版社，2009．
③何炳棣．中国会馆史论［M］．北京：中华书局，2017．

变迁使得襄阳古城东北角的城墙走向发生变化。此外，汉江的堤防建设，如老龙堤、鱼梁洲、老龙洲等也为襄阳城市之后的格局的形成提供了防洪安全保障的基础。汉江北岸樊城利用滨江的优势，设立众多码头，也使得襄阳成为“下马襄阳郡，移舟汉阳驿”①的驿站。

此外，河流冲刷形成的“洲”也是襄阳自然山水的重要标志性要素。鱼梁洲，曾称余粮洲、伍娘洲，位于汉江与唐白河的交汇处。由于河水常年冲刷淤积，逐渐成为境域内最大的沙洲湿地，也是襄阳城市重要的自然资源。②

总之，汉江在襄阳的自然山水要素中起到了骨架性的作用，与城市发展共生相依、浑然一体。

2.1.1.4 气候植被

襄阳处于低纬度向中纬度过渡地带，属北亚热带季风气候，干冷、暖湿空气在这里交汇，具有南北过渡型的特征，四季分明。春季冷暖无常，多大风；夏季降雨集中，易旱易涝；秋季降温迅速，多阴雨；冬季寒冷少雨，严寒期短。日照充足，雨热同期，热量丰富，年平均气温 15 ~ 16℃，年日照总时数 1 800 ~ 2 100 小时，无霜期 228 ~ 249 天，以襄宜平原地区最长。降水量自南向北递减，年降水量 820 ~ 1 100 毫米，全年降水日数 107 ~ 135 天。

由于这种优越的自然地理条件，丰富的野生动植物资源在此地孕育而生，保存了大量的起源古老、种类丰富的珍稀濒危物种。全市有维管束植物 189 科、828 属、1 698 种。其中，蕨类植物 93 种，隶属 27 科 50 属；种子植物 1 605 种，隶属 162 科 778 属。有国家重点保护野生植物 80 多种。这些珍稀保护树种都具有很高的科学价值、药用价值和观赏价值。

襄、樊地区农作物的种类也与当地南北方过渡带的气候有着不可分割的联系，农作物栽培也呈现出水旱作物并重的特点。汉江南岸的襄阳周边大多是稻麦两熟作物，而随着纬度的增加以及受地形影响的降水的减少，使得汉江北岸的樊城及襄州周边基本都是以麦杂两熟为主。20 世纪 80—90 年代，位于枣阳的雕龙碑原始氏族部落遗址被发掘，这里同时出土了稻和粟的皮壳，这说明远在 5 000多年前，襄、樊地区已是水旱作物并种。

---

①陈新剑. 历代诗人咏襄阳[M]. 上海：上海三联书店，2010.

②李嘉玲. 襄阳“山 – 水 – 城”空间历史文化脉络研究[D]. 西安：西安建筑科技大学，2016.

2.1.2 襄阳城市历史与城市发展概述

襄阳是一座具有悠久历史的文化名城，相传当年夏禹铸九州，襄阳即在其中。樊城相传为周宣王仲山甫的封地——樊侯国，至今已有2 800多年的历史。襄阳汉初建县，汉献帝时，将襄阳县治改为州府，地辖今湖北、河南、湖南、广东、广西等庞大的地域，唐代改为道治首府，增辖陕西、四川部分地区。从此，襄阳城一直是历代州、郡、道、府、路治所。1950年5月襄阳、樊城两镇合并设置襄樊市，隶属湖北省襄阳行政区专员公署，1979年升为省辖市。1983年9月又与襄阳地区合并，实行市带县体制。

2.1.2.1 城市空间形态的演变

襄阳地处中原，历史悠久。从市郊区万山新石器时代遗址出土的器物可以鉴定，早在四五千年前，我们的祖先就在这里开拓生息。《襄阳县志》（清同治版本）记载："襄阳在襄水之阳，上古为襄国，夏禹贡豫州之城。"荆楚地区目前只在黄陂盘龙城等汉水以北地区发现几处零星的夏代文化遗存，另在峡江地带有一些属于早期巴人的夏代文化遗存。说明这一时期，江汉地区的人口密度极低，基本可以用"千里荒无人烟"来形容。这与新石器时代晚期文化遗存四处可见的景象大相径庭。夏王朝对荆楚地区的控制较弱，因而也没有在这里修筑城邑。

1. 襄城

襄阳城城址雏形源于春秋初便已有的北津戍，为楚国最重要的军事渡口之一，城池位于真武山和琵琶山的北麓区域，在襄阳城西南1.5千米处。春秋战国时期，楚国常借助檀溪水河道出入汉江，借助于这样优越的自然条件，当地渐渐形成了集合码头、军事渡口与要塞多样功能，以此逐步发展成空间规模较大、具备军事防御能力的北津戍。

秦统一六国后，将天下分为36郡，襄阳属南郡。自汉初始设襄阳县，仍属南郡，隶属荆州。

两汉时期是襄阳城市快速发展的时期。西汉时期，汉水以北的邓县因秦之旧为县治，仍属南阳郡；汉水以南、原楚之北津戍区域新设襄阳县，为南郡（治江陵）所辖，襄阳城开始兴起。这时邓城与襄阳城形成了隔汉水南北并雄的格局。

东汉光武帝刘秀的旧将部属多为襄阳一带人士。为数众多的具有政治上特殊地位的达官显贵，在这里集中了仅次于当时首都洛阳的社会财富，人口显著增加，从而给襄阳兴起提供了重要契机。东汉时期，襄阳地区的地主庄园经济得到迅速发展，城市也进入新的发展阶段，出现了邓城、襄阳、樊城“三城竞秀”的局面。

东汉早中期，襄阳虽为县治，但城区规模较大，面貌焕然一新。东汉献帝初平元年（190年），荆州刺史刘表将荆州治所迁至襄阳，使之成为中南地区大部分地域的一级行政区首府，襄阳城达到了其历史上的最高地位。建安十三年（208年），曹操占领襄阳后，设置了襄阳郡。其历经两晋南北朝，或为郡府，或为州治，仍然是一个范围较大的区域中心。

据《水经注》记载，汉末刘表墓在襄阳郡城东门外200步。近年在城内东部东街基地发掘出8座东汉晚期到三国时期的墓葬，其中1座早年被盗的大型墓葬据考证即为刘表墓，其余7座亦为其家族墓。① 据此可知东汉时期襄阳城的相对位置。该墓群被唐代以后的厚度达3米的地层覆盖，东部今荆州北街西侧，荆州南街东、西侧，宜宾路东段北侧所在区域发掘的南朝遗存，也距现地表深度3～3.5米，可知当时的襄阳城可能在现地表3米以下。东汉如此，更早的襄阳城址当在更深之处。

三国时期，荆楚是魏、蜀、吴三大势力争夺最激烈的地区。魏国所辖湖北境内地盘，东部为豫州七阳郡，中西部先后设置过荆州江夏郡、义阳郡、襄阳郡、南阳郡、南乡郡、新城郡、上庸郡、魏兴郡等。魏国从中原地区调集人力、物力，对襄阳、樊城等汉江以北广大地区的城邑进行了修筑。三国时期的乱局，使荆楚的重要城市形成三足鼎立的局面：东部的吴王城与夏口城，北部的襄阳与樊城，中南部的江陵城并立。

隋唐至北宋时期，中心城邑渐渐东移，隋唐至北宋的540余年间，襄阳不仅是襄州治所，还是国家一级政区山南东道和京西南路治所。这一时期，襄阳在交通运输上的地位也不容忽视。《读史方舆纪要·襄阳府》记载：“安史构祸，汴洛沸腾，而襄邓无虞，故东南之资储，得以西给行在。”②南宋时期，襄阳为控扼南北之地，军事地位十分重要。

元、明、清时期，随着首都北迁，襄阳城市的地位也发生了变化，汉江流域的经济中心、政治地位逐步降低。清代后特别是近代由于首都所需的粮食运输通

---

①张硕．考古学视角下的襄阳文脉[J]．湖北社会科学，2015(7)：193－198．

②(清)顾祖禹．读史方舆纪要[M]．北京：商务印书馆，1937．

道的改变,武汉等城市的兴起,使处于汉江中段地理位置极佳的襄阳,因汉水航运通道的发展,得到"七省通衢"和"南船北马"的称号。伴随着新的交通优势的形成,襄阳商业也随之发展和繁荣起来。不仅豫南各县皆以此为贸易场所,山陕各处与汉口间的贸易也均以襄阳为中心。[①]《襄阳府志》记载:"城郭金汤,民物繁阜,舻舳之上下,车骑之往来,为水陆交会第一冲。"[②]襄阳逐步发展成为重要的贸易中心城市。

乾隆时期的《襄阳府志》(刊刻本)记载:"明取襄阳,以平章邓愈镇其地。于至正二十五年修之。城北以汉为濠,计四百丈。东、南、西凿濠,共二千一百一十二丈三尺,阔二十九丈,深二丈五尺"。[③] 元末明初,邓愈在襄阳城市空间发展的基础上进行了进一步的扩建。明代以后,襄阳城的护城河逐步加宽,相关文献资料表明实际宽度接近300米,成为中国历史上第一宽的护城河。到明代末期,由于兵事频繁,襄阳城逐渐衰落。清代期间曾对襄阳城墙进行了多次整改扩建,修缮城门、城楼,加建敌台、炮台和兵房,加固城墙,疏浚护城河及清理岸界。[④] 襄阳成为当时中国的中原重镇,其空间格局一直稳固发展并沿袭至今。

2. 樊城

樊城源于西周中期建都于今邓城城址的古邓城。今存樊城团山镇的邓城遗址即古邓国的都城。根据《左传》《春秋》等文献记载,商末周初之时,邓即与巴、濮、楚并为周的南土。西周早期成周营建后,处成周之南的邓即大致位于今南阳盆地或汉水中游地区。[⑤]

邓城遗址位于樊城团山镇邓城村。该城址基本保存完好,平面呈长方形,南北长约800米,东西宽约700米,夯土城垣宽约20米,残高2~5米,四角突出,每面城墙正中各自有一个缺口,原应为城门。城外护城河虽被填平为农田,但因较四周农田低1~2米仍清晰可辨。在该遗址中出土的文物有周代陶鬲足、鬲口沿、豆盘、豆柄及盆、罐口沿等,此外还有部分绳纹砖、瓦残片等。从地面采集文物与近年考古发掘证实,该城址属于西周到南北朝时期。这也正好与文献所记

①陈建斌.文化导向的历史文化城市"积极保护"规划研究[D].西安:西安建筑科技大学,2009.

②(清)陈锷.襄阳府志[M].武汉:湖北人民出版社,2009.

③同上。

④郭玉京.东方城市设计思想及其现代应用研究——以襄阳市庞公片区城市设计为例[D].西安:西安建筑科技大学,2012.

⑤王先福.古代襄樊城市变迁进程的初步研究[J].中国历史地理论丛,2010,25(1):60-70.

其为邓国故都、春秋中期以后邓县治所的史实相符。

樊城到汉末、三国时期才逐渐著称于世，自此后便一直是兵家必争之地、商贾云集之所。樊城的得名，可能与楚国在北上扩张过程中采取灭其国而迁其民的政策有关。春秋晚期，楚国出于对政治和经济发展的需要，通常将被灭小国民众迁往南方，"以实广虚之地"。楚灭樊后，将大量的樊国族人迁于今樊城一带。樊城得名，当源于此。从考古材料可知，春秋时期的樊国在河南信阳一带。1978年，河南省博物馆在信阳市平桥南山咀清理了2座樊国贵族墓，依铭文知为樊国国君与其夫人墓，墓主分别为樊君夔和樊夫人龙嬴，并推断其时代为春秋早期晚段。樊君夫妇墓无论是在墓葬结构，还是在器物的基本组合、形制、花纹等方面，都与河南省光山县黄君孟夫妇墓有诸多相似之处，尤其是其中一些器物具有比较典型的江淮地区风格。传世及早年出土的樊叔鬲、樊君簠、樊君道(夔)匜、樊君夔盆等多件樊国铭文铜器，也是出土于这一带。

樊城同襄阳的兴起一样，军事作用处于首要地位。西周中期昭王南征，可能在今樊城区域南涉汉水，而邓国为防止南方诸侯国的北侵，很有可能在汉水以北的江边设立据点。春秋早期，楚国北进中原，矛头首指的就是邓国，其进攻路线是经襄阳要津北渡汉水。邓国为防御楚国的进攻，拼命控制楚军登陆地，樊城据点区便成了楚、邓两国攻防的要地。楚灭邓之后，在继续北进的过程中，为保证后勤补给，加强了樊城据点的堡垒地位。后来的楚吴战争中，吴军正是因为控制了此地并以此为跳板南渡汉水，才导致了楚国国都郢都的陷落。楚国势力再次复苏后，这里便成为楚国着力经营之地。由此可知，樊城可能在西周早中期即已形成军事据点，到楚国北上争霸时地位得到了加强。

樊城在成为楚国的内陆地区以后，其军事作用便有所削弱，许多被迁来的原南阳盆地或淮河流域的人民带来了较先进的技术和文化，从而逐步推动了该区经济的发展。但是，由于当时在樊城的外围有楚邓县(邓城)作为当地的政治、经济、文化中心，樊城的发展较为缓慢。战国以后直至东汉，邓城一直是县治所在，樊城的发展受到限制。到东汉末、三国以后，由于长期分裂，邓城渐趋荒废，襄阳、樊城因形势险要，均可凭汉水南北对峙，因而成为一方重镇。

樊城的定型是在唐宋时期。在今樊城古城区的解放路一线，东自屏襄门、西到米公路范围内，发现有唐宋时期的文化层堆积，其厚度为1.5～3米。今樊城西北部大片区域内也有一些零散的隋唐宋墓被发现。宋、元、明、清墓葬发现得并不多,其分布较为零散,规模也都较小。可确定的1座元代墓葬发现于今樊城北部的七里桥,而时代最近的清代墓葬在今人民公园发现2座。一个值得注意的现象是各时期的墓葬愈靠近汉水,下埋就愈深,这表明汉水樊城段的水位,受泥沙淤积而处于不断的抬升中。该地区时代较早、规模较大的墓葬很可能与其他重要遗迹,已经深埋于泥沙之中而难于重见天日。

明清时期樊城成为汉水流域的商业重镇。据《襄阳府志》记载:"樊城十万艘帆标麻立……为百货杂集之所。"①沿汉江伸展的九街十八巷及相应的大小码头72个,商旅会馆20余座组成了樊城的基本格局。

上述内容参见表2-1所示。

表2-1 襄阳府沿革简表

时期	建郡制
后汉	初与邓县、山都并属南阳郡,分置襄阳郡,荆州刺史治
魏	襄阳郡
晋	分置邓城县、郊县
	惠帝时以山都县属新野君,余属襄阳郡
南北朝	雍州襄阳郡,邓属京兆郡
	宋,同属于甯蛮府(雍州)
西魏	雍州襄阳郡,废宏农郡,分置樊城、安养两县
后周	省樊城、山都两县
隋	废河南长湖两郡及旱停县,而以襄阳、安养、常平三县属襄阳郡
唐	贞观元年改安养为临汉,邓城与襄阳俱属襄州,山南东道节度治
宋	襄阳、邓城两县分治属襄阳府,绍兴五年省邓城入襄阳
元	襄阳路明,属河南行省
明	襄阳府,属湖广布政使司
清	襄阳府,属湖广布政使司
	康熙三年,改为属湖北布政使司

①徐俊辉.明清时期汉水中游治所城市的空间形态研究[D].武汉:华中科技大学,2013.

（续表）

时期	建郡制
中华人民共和国成立前（1912—1949 年）	1912 年废襄阳府，初属安襄郧荆道，后改属鄂北道
	1914 年设襄阳道，治襄阳，领 20 县
	1932 年改设行政督察区，襄阳为湖北省第八区行政督察专员公署驻地，1936 年改为第五区
	1948—1949 年，樊城、襄阳城第二次解放，首次组建襄樊市
中华人民共和国成立后	1950 年 5 月，复以襄阳县之襄阳、樊城两镇组建襄樊市，隶属襄阳专属
	1953 年 4 月，襄樊市恢复建制，改为省辖（县级）
	1979 年，襄樊市升为省辖市
	1983 年 8 月 19 日，其行政区域并入襄樊市。新组建的襄樊市领襄阳、枣阳、宜城、南漳、保康、谷城等 6 县，代管随州、老河口 2 市
	1999 年辖襄阳县、枣阳市、宜城市、南漳县、谷城县、保康县、老河口市

资料来源：清代恩联等督修的《襄阳府志》卷一，大清光绪乙酉年（1885 年）重修。

2.1.2.2 人文理念与自然环境的有机结合

襄阳城始建于汉代，据考证其由西周周宣王的大将方叔创建，名为“方城”，因而襄阳方志和古碑碣称之为“方城胜迹”。城垣注重自然条件的利用，城市形制没有中原城市的规整，受城内河流与山体走向的影响，城内街道的建筑大多沿河或依山而筑，是中原城市布局理念与南方山水环境结合的特殊产物（如图 2－8 所示）。襄阳城坐落在通往南阳盆地的“南襄隘道”和通往荆州的“荆襄驿道”之间的汉水南岸的东北角江边。“南襄隘道”和“荆襄驿道”都属于通向南北中国的夏路和秦直道。襄阳在这里扼守汉水中游水陆交通要道，战略地位至关重要，是中国南北东西交通的重要通道和枢纽，号称“天下腰脊”，有“岘山亘其西南，汉水萦其东北”之势。樊城夹江而峙，作为襄阳往东北靠汉江的一端，以湍急的汉江为北部天堑，以西南群山为自然屏障，凿开东、南、西三面宽阔的护城河作为排涝和防御体系，辅以不甚高大的坚城，就构成了著名的“方城”“铁打的襄阳”，难以攻克的汉水防御体系的重要军事支点（如图 2－9 所示）。正如《图经》中所说：“往者，常筑樊城以为守襄阳，夫襄阳与樊城，南北对峙，一水衡之，固犄角之势。樊城固则襄阳城自坚，襄阳城坚，则州邑自安。然则襄阳者天线之咽喉，而樊城者又襄阳之屏蔽也。”①这样依山就势，巧借山水增加古城是防御力量的精心布局，体现了襄阳古人的聪明智慧。

图2-8　古襄阳水系图(清代)

图2-9　襄阳水系和山水格局(清代)

---

①李鸣钟.论襄阳古城池动与静的关系及作用[D].襄阳:湖北文理学院,2009.

现存襄阳古城垣主体为明代建筑，民国时期对其进行过整修。襄阳城城墙周长7 377米，由长2 110米的东城墙、长1 640米的西城墙、长1 310米的南城墙、长2 310米的北城墙围合而成，平均高8米，宽10米左右，平面呈不规则方形，总面积2.5平方千米。由文献记载可知，明清时期的襄阳城古城格局和古建筑都保存得较完整。东门"阳春"、南门"文昌"、西门"西成"、小北门"临汉"、大北门"拱宸"以及长门"震华"等6门城楼高耸；仲宣楼（俗称会仙楼）、魁星楼、狮子楼、夫人城等四方角楼稳峙，整座城池和谐地融为一体，给人以古朴典雅的感受。襄阳城为府治城市格局，方形城郭，街道呈南北东西向棋盘式布置，街巷主次分明，城中心集中在十字街一带。由于受到汉江走向的影响，主轴线偏西30°，使东西走向的街巷与汉江平行。城市中轴线突出，以十字街的鼓楼为中心，以北街、南街为纵轴线，贯穿北城门、南城门，向南延伸；西街与东街为横轴线，贯穿东城门、西城门，向西、南延伸。主要街道按东、西、南、北布置，以十字街为中心，东街、西街、南街和北街形成整个街道的骨架，其他小街小巷与其平行或垂直，府、州、郡、道置历来不乱，层次分明，功能分工明确。各衙门、庭院随街势而分布呈矩形等。时至今日，襄阳古城格局保存较好，轴线、城郭、古河道的格局都保持着原样，北街、南街和西街、东街两条轴线得到了较好的控制。①

樊城与襄阳城隔江对峙，自古就形成了南城北市的格局，是一座沿江而建，因码头而兴盛的城池。樊城古城布局沿江而设，形成细长的带状，形似一艘船。内部街道主要有临江的前街和城内的后街两条大街，呈东西走向，与汉江平行。在两条街道之间，南北向街道和小巷贯通，经纬交织，形成了樊城的"九街十八巷"的街巷肌理。其中九街是：十字街、教门街（友谊街）、大同街、瓷器街、前街、后街、铁匠街、丰乐街、机坊街。十八巷是：林家巷、左家巷、杨家巷、余家巷、永丰巷、陈老巷、曾家巷、前马家巷、后马家巷（炮铺街）、基峨巷、火巷、古井巷、莫家巷、财神庙巷（劳动街）、邵家巷、朱家巷、苏家巷、乔家巷。在九街十八巷中，前街最长，约2千米；莫家巷最短，不到40米；后街最宽，约8米；朱家巷最窄，不到2米。

2.1.3 多元交融的文化积淀

城市即历史，城市本身就好像是历史的一座"仓库"一样。襄阳处于黄河、

---

①唐晓岚．襄阳古城风貌的保护研究［D］．南京：东南大学，2001.

长江之间,位于我国中部偏南,为来自南北方及西部地区的文化与本土文化的交流与融合提供了区位优势。历史上襄阳是周边低地平原地区移民的汇聚地带,人口迁徙频繁,五方杂处,从而形成了较复杂的居民聚居地。同时,襄阳还处于巴蜀文化、秦陇文化、荆楚文化三大文化区的边缘地带,受到3种文化的交叉辐射,自古便是南北文化的交汇地和“四方凑会”的重镇,文化影响力广泛。由此可见,位于汉水流域中游的襄阳由于其自然环境的特殊性和社会主体——居民构成的复杂性,融合了南北文化,自成一体,形成了别具一格的、以汉江水系为主干的,包含了陕南、鄂西北和豫西南3个区域的风俗文化圈。

在《襄樊历史文化名城保护规划说明》中将襄樊历史文化特色总结为早期的文化融合、楚国发源地和楚之北津戍、汉之区域性政治中心、三国文化之襄阳、东汉末至元末时期的军事政治重镇和交通要道、明清极其繁盛的音乐文化之乡、明清联系南北的贸易交通巷、近代反帝反封建斗争的根据地,以及中华人民共和国成立后和改革开放后的城市等9个方面。

襄阳所处的汉江流域是汉朝的发祥地。汉江又称汉水,与长江、黄河、淮河一道并称“江河淮汉”,是中华民族的发祥地之一。千百年来,汉水与襄阳休戚相关。汉江经老河口、襄州区流入襄阳市区,再流入宜城市,在襄阳境内长达195千米,是襄阳的母亲河。历史上无数诗人、文豪竞相咏颂汉水。在历史上,襄阳曾是汉水流域的经济、文化中心,长期是汉水流域的经济文化重镇、“汉水文化”的中心。唐代诗人王维的《汉江临眺》中云:“楚塞三湘接,荆门九派通。江流天地外,山色有无中。郡邑浮前浦,波澜动远空。襄阳好风日,留醉与山翁。”这不仅是对汉江美景的真实写照,更描绘出古时襄阳城作为汉水流域中心城市的盛景。

襄阳在历史的长河中融合南北文化,呈现开放多元的态势。襄阳所管辖的南漳、保康两县所在的荆山山脉,是楚国的发源地,受到荆楚文化的影响,表现出极大的开放性、多元性和务实性。作为东汉末三国初荆州的首府,当时作为政治、经济、军事、文化、学术中心的襄阳又有着十分丰厚的三国历史文化底蕴。三国故事源于襄阳终于襄阳。襄阳不仅是三国论的孕育地和提出地,还是晋伐吴统一天下的策源地、战略基地和指挥中心。《三国演义》中有32回与襄阳有关,襄阳是三国史实及三国故事的频发地,曹操南征荆州、关羽水淹七军等精彩战事就发生在襄阳。三国最耀眼的人物之一诸葛亮出自襄阳隆中,千古名相诸葛亮在此拜访名师、广交士林、刻苦读书、修身养性,提出了三分天下的隆中对策。三国遗址遗迹遍布襄阳。同时，襄阳还是三国时期的人才汇聚之地和文化、教育、学术兴盛之地，培育了一批三国时期名垂青史的杰出人物，诸葛亮、庞统、司马徽等就是其中的杰出代表。自先秦经明清直到今日，汉水流域历来为政治家、军事家和大商贾所重视，其中的峡谷和水滨区也是历来中原地区重要的移民通道，因此有着大量的古城、战场、军屯、寨堡、古栈道、桥梁、码头等遗存保留下来。其中最具流域特色的历史景观包括沿江古河道、军事隘道、古商道、移民通道。大量的文化遗存分布其中，使其成为襄阳极为重要的“遗产廊道”。

2.1.4 襄阳城市文化景观

襄阳曾经是帝王之乡，也是谋臣、武将、文人、名士云集之所。自西周开始，中国历代的政治、经济中心多位于西北部，如西安、洛阳。这一状况一直持续到北宋时期，此时的襄阳借助其重要的地理位置，成为南北往来的必经之路，也成为当时的地域性的文化、经济中心。具有重要战略地位的襄阳，不仅是兵家必争之地，同时是许多文人墨客的向往之处和吟颂之地。自三国时期开始，襄阳涌现出了很多名垂千古的名臣谋士，如与诸葛亮齐名的“凤雏”庞统，蜀汉俊杰马良、马谡，恢复大唐社稷的宰相张柬之；名将有一夜急白了头发的伍子胥，有才干的杨仪，襄阳大族蔡瑁，以果烈著称的廖化，有周瑜之风的韦睿，白莲教八路兵马总指挥王聪儿；文人名士有战国辞赋家宋玉，东汉文学家王逸、王延寿父子，建安七子之一的王粲，家庭藏书颇丰的长史向朗，与李清照并称的襄阳女词人魏玩，以及东晋时期在这里登台著书的史学家习凿齿、来此弘扬佛法的高僧释道安、五言律诗的奠基人杜审言等。

山水田园诗人孟浩然以及晚唐文学家皮日休都曾在鹿门山隐居，诗仙李白、诗圣杜甫等文人雅士都在这片土地上留下了不少千古名句。李白在《襄阳曲四首》其中一首中写道：“襄阳行乐处，歌舞白铜鞮。江城回渌水，花月使人迷。”杜甫在《闻官军收河南河北》一诗中曰：“即从巴峡穿巫峡，便下襄阳向洛阳。”杜审言在《登襄阳城》一诗中曰，“楚山横地出，汉水接天回”，更是将襄阳壮美的山川景物描绘得淋漓尽致，将高山流水，巍巍然、汤汤乎于天地之间，一气直下，不可撼动、不可遏制的山川动态美呈现在人们眼前。另外，此地还涌现出了辛亥革命义士杨洪胜、共进会第三任总理刘公、最高人民法院副院长吴德峰、最高人民检察院检察长黄火青、《黄河大合唱》词作者张光年等著名人物。

众多的英才，灿烂的文化，为襄阳留下了大量的名胜古迹和逸闻传说。古隆中、鹿门寺、米公祠、夫人城、习家池、广德寺、襄阳王府绿影壁等众多名胜古迹，为古城奠定了坚实的人文底蕴。

1. 古隆中

古隆中(如图2－10所示)位于湖北省襄阳市以西13千米的西山环拱之中。相传诸葛亮在此隐居10年,后刘备三顾茅庐,成就了著名的“隆中对”,为蜀主刘备三分天下奠定了根基。当地鸟语花香,茅屋掩映于绿树丛中,晨暮薄雾中,显有仙风逸气。

图2－10　古隆中景观组图

2. 米公祠

米公祠(如图2－11所示)位于樊城区沿江路西段,原名“米家庵”,是纪念北宋书画家、鉴赏家米芾而建的祠宇。米芾(1051—1107年),原名黻,后改芾,字元章,号鹿门居士,又称海岳外史、襄阳漫士。曾任礼部员外郎,人称米南宫。因其举止违世脱俗,倜傥不羁,人称米颠。与蔡襄、苏轼、黄庭坚合称宋代四大书法家。1956年被湖北省人民政府公布为第一批省级重点文物保护单位。

图2－11　米公祠景观组图

3. 广德寺

广德寺(如图 2－12 所示)位于襄阳市城西 13 千米处，原名云居禅寺。始建于唐代贞观年间(627—649 年)，寺院占地面积 30 000 平方米。后院内的多宝佛塔(又名五星塔)，系砖石结构，通高 17 米，塔座高 7 米，上建 5 座佛塔，中心为一高约10 米的藏传佛教式喇嘛塔。全塔上下内外共有 45 尊石雕盘坐佛像及硕大的 3 个“佛”字。

图 2－12　广德寺景观组图

4. 襄阳王府绿影壁

襄阳王府绿影壁(如图 2－13 所示)坐落在襄阳城东南隅，为明代襄阳王府门前的照壁。影壁长 26.2 米，高 7.6 米，厚 1.6 米，为仿木结构，庑殿式四柱三楼造型，绿色石雕九龙影壁造型别致，雕刻精细，图案繁缛，是古代石刻艺术中的瑰宝，现为我国唯一一座大型石雕龙壁。

图 2－13　襄阳王府绿影壁景观组图

5. 习家池

习家池(如图2－14所示)又名高阳池,为中国现存最早的园林建筑之一。《园冶》中有“谅地势之崎岖,得基局之大小;围知版筑,构拟习池”的记载,是目前全国现存少有的汉代名园,被誉为“中国郊野园林第一家”。位于湖北襄阳城南约5千米的凤凰山东麓,东汉初年襄阳侯习郁在宅前筑堤修池,引入白马泉的水,池中垒起钓鱼台,列植松竹。因此,后人称其为“习家池”。

图2－14　习家池景观组图

6. 夫人城

夫人城(如图2－15所示)位于襄阳城西北角,于清代同治二年(1863年)为缅怀东晋襄阳守将朱序之母韩夫人而筑。城墙北面立着刻有“襄郡益民胜迹,夫人城为最”字样的石碑,后人称此段城墙为夫人城。1982年,襄阳市人民政府修复城墙垛堞,建纪念亭于城上,内塑韩夫人石雕像。

图2－15　夫人城景观组图

正如李白《襄阳曲四首》其中的一首诗所述："襄阳行乐处，歌舞白铜鞮。江城回渌水，花月使人迷。"繁华市景，尽现诗句之中。今日置身汉水之滨，见巍巍高楼及仿古民居与江水相互辉映，阵阵清风中，偶闻牧笛晨曲，悠悠远古之情，自当油然而生。

2.2 城市文化景观的渊源

文化是指一个国家或地区社会主体在把握和改造世界的实践历程中所创造的物质、精神成果的总和，是一个地域记忆与内涵的融合。文化是在漫长的历史演进中形成的，其价值观念、生活习惯、民风民俗、审美趣味是在历史的演变过程中而积淀的，有着地域性、民族性、时代性、多样性、独特性等特征。它将地区的文化背景和历史变迁完美地展现出来，以体现每个地域独特的个性魅力和本土特色。中国科学院和中国工程院两院院士、清华大学教授吴良镛先生曾这样说过："地域文化是人们生活在特定的地理环境和历史条件下，世代耕耘经营、创造和演变的结果。"①"特色是生活的反映，特色有地域的分界，特色是历史的构成，特色是文化的积淀，特色是民族的凝结，特色是一定时间地点条件下典型事物的最集中最典型的表现，因此它能引起人们不同的感受，心灵上的共鸣，感情上的陶醉。"②文化是人类特殊的生活方式和活动方式；是社会成员共同的文明素质和心理结构；是民族的集体智慧、集体性格；是凝结在社会成员中的核心价值、行为定式。而景观的发展是伴随着人类思想文化的发展而前行的，具有历史传承性，是人类物质文化和精神文化相结合的产物。"文化是底蕴，是土壤，任何景观的设计都要尊重当地文化，服从于当地民俗，设计师的使命就是要理解这些，去体验当地的文化背景，融入当地的生活当中去。"③襄阳作为全国历史文化名城之一，其文化景观的形成与发展都是襄阳博大精深的文化资源，独特丰厚的文化禀赋，多姿多彩的文化形态的外在表现，展现了襄阳的地域特色和人文形态。襄阳文化资源的构成，就表现形式形态和功能而言，大致可作如下梳理。

---

①吴良镛.《中国建筑文化研究文库》总序(一)——论中国建筑文化的研究与创造.[J]华中建筑，2002(6):1-5.

②吴良镛.吴良镛学术文化随笔[M].北京:中国青年出版社,2001.

③王向荣,林菁.西方现代景观设计的理论与实践[M].北京:中国建筑工业出版社,2002.

2.2.1 三国文化

三国时期是襄阳历史上最辉煌精彩的一个时期，所创造的辉煌灿烂的三国文化物质文明和精神文明辉耀古今，至今依然是襄阳历史文化和人文精神中不朽的部分。“三国文化”是一个宽泛的概念，沈伯俊先生认为三国文化包含三个层次：第一个层次是历史上的三国时期的精神文化；第二个层次是历史上的三国时期的物质文明与精神文明的总和，包括政治、军事、经济、文化等领域；第三个层次是指以三国时期的历史文化为源，以三国故事的传播演变为流，以《三国演义》及其诸多衍生现象为重要内容的综合性文化。① 作为三国文化之乡的襄阳，有着十分丰厚的三国历史文化底蕴，既是三国论的孕育地和提出地，诸葛亮文化的发祥地；又是晋伐吴统一天下的策源地、战略基地、指挥中心所在地。襄阳的三国文化既是三国时期襄阳境内产生的历史文化，也是以其为源，进而流传与演绎的综合性文化。

襄阳丰富的三国文化具体表现在三国历史文化遗址、遗存中。现存50余处三国历史文化遗址遗迹中，有35处在襄阳县（古时名称），即今天的襄城区、樊城区、襄州区、高新区、鱼梁洲内，且又主要集中在襄城区。以三国时期人物活动及其纪念性遗迹为主要特征，包括了诸葛亮、刘表、刘备、司马徽、庞统、庞德公、徐庶、羊祜、杜预等人，其重要遗迹有隆中诸葛亮的躬耕地、万山杜预的沉碑潭、檀溪、岘山羊杜祠、堕泪碑、鹿门山等。三国历史故事丰富，蕴含深厚的人文精神内涵：司马荐贤、诸葛亮隆中对、三顾茅庐、马跃檀溪、刮骨疗毒、关羽水淹七军、大意失荆州、徐庶走马荐诸葛等发生在襄阳的三国故事家喻户晓、广为流传。襄阳还是三国时期人才汇聚之地和文化、教育、学术兴盛之地，培育了一批三国时期名垂青史的杰出人物，诸葛亮、庞统、司马徽、王粲、蔡瑁、徐庶等就是其中的杰出代表。

2.2.2 汉水文化

汉水又称汉江，是我国最为古老的河流之一，是长江最大的支流，流域涉及甘、陕、豫、川、渝、鄂等6省份，处在我国地形阶梯的第二级阶梯向第三级阶梯的过渡地段，地势西北高，东南低，地貌多样。优越的地理环境与气候条件使其成为承东启西、连接南北的交通枢纽，也为植被的生长提供了良好的环境。雄踞汉水中游的襄阳，东西交汇、贯通南北，自汉晋以来历代都是军事与贸易重镇，是历史上的区域性经济、政治、文化中心，是汉水文化最精彩和最有代表性的区域。

---

①沈伯俊．三国演义新探［M］．成都：四川人民出版社，2002．

可以说，汉江是襄阳的“文化之河”。借汉水而修筑的襄阳古城城防体系被视为古代军事防御的典范，有“铁打的襄阳”的美誉，造就了襄阳古城的历史空间格局。因汉水漕运兴盛而建的码头会馆，沿江林立的“九街十八巷”的街巷格局，成就了樊城历史上区域商贸中心的地位。广为流传的郑交甫遇汉水女神的神话传说是中国最早的人神恋爱传说，七夕节也是从襄阳和汉水的穿天节、请七姐等古俗逐步演变而成，使襄阳成为牛郎织女神话传说和七夕节诞生的主要源头。被汉水的壮美景色所吸引而定居、暂时侨居或是经过襄阳的文人墨客将中国各地的文化要素带至襄阳，与襄阳的地域文化交汇融合，形成了襄阳灿烂独特的南北交融的文化特色。此外，以米芾父子为代表的书画文化，以刘秀、孟浩然、米芾等为代表的名人文化，以宋元襄阳之战和关羽水淹七军为代表的战争文化，以老河口丝弦、木板年画、沮水巫音、巫音喇叭、襄阳花鼓等为代表的非物质文化遗产等也都是襄阳汉水文化的主要体现。

2.2.3 荆楚文化

荆楚文化因楚国和楚人而得名，是我国古代江汉流域兴起的一种地域文化，是楚人在他们所生存的800多年历史中创造的灿烂民族文化，是华夏文化的重要组成部分。襄阳所辖南漳、保康两县所在的荆山山脉，是楚国最早的故都丹阳的所在地，也是楚国发源地，宜城则是楚文王始迁都城鄢郢的所在地。襄阳具有丰富的荆楚文化资源，受荆楚文化的深远影响，其文化有着独特的地域性和多元融合、神秘浪漫的鲜明特色，表现出极大的开放性、多元性和务实性，形成了独特的楚人精神。襄阳是楚国活动时间最长的地区，境内存在着数量众多、分布密集、内涵丰富的荆楚文化遗址和墓葬，发掘出土了许多精美的荆楚文物，最为著名的有邓城遗址、南漳楚寨群遗址、宜城楚皇城遗址和枣阳九连墩古墓遗址。①襄阳的民俗文化资源也深受荆楚文化的影响，现存的穿天节、端公舞、唢呐巫音、苞茅缩酒、薅草锣鼓等都具有明显的荆楚文化特色，是宝贵的非物质文化遗产。襄阳还是楚人卞和、春秋名将伍子胥、楚国诗人宋玉等人的故乡，这些楚国历史文化名人展现出来的文、武、忠诚等内涵，也成为荆楚文化的重要组成部分。楚人的风俗习惯至今在襄阳仍然有着深远的影响，楚人历尽艰险、艰苦创业的进取精神，执着追求、百折不挠的创新精神，自强不息、开拓进取的拼搏精神，忧国忧民、精忠奉献的爱国精神，仍然激励着一代又一代的襄阳儿女。

---

①刘群．文化襄阳：璀璨的精神家园[M]．武汉：湖北人民出版社，2013．

第3章

襄阳城市文化景观的特质与价值认知

3.1 构成与活力——文化景观的特质构成

3.1.1 古城空间格局

3.1.1.1 古城规模

襄阳古城丰富的文物古迹具有重要的历史价值。古城始建于汉代,后历经战火,屡毁屡建,现存城墙大部分是明洪武初年大规模维修后的遗迹。自古一直是行政治所之地,包括襄阳护城河在内共占地3.47平方千米,古城墙内的城区面积约2.5平方千米。北、东、南三面由滔滔汉水环绕,西靠羊祜山、凤凰山,诸峰环绕。古城内的规划布局按古代州县典型规制设计,以大十字街及南北中轴线为基本对称格局,东区略大于西区,设东、西、南、北街为主街,其余街巷呈方格网状配置,规整严谨,井然有序。南北城门之间长约1 500米,南北中轴线的轴向略北偏西。十字街中心建有昭明台(也称钟鼓楼),巍峨高大,成为全城标志性建筑,南城建谯楼与之相对应。其余一些主要建筑,如襄王府、文庙书院等均呈左右对称布局。

古城共有6座城门,陈锷的《襄阳府志》记载:"东门曰'阳春',东长曰'震华',南曰'文昌',西曰'西成',大北曰'拱宸',小北曰'临汉'。"①每座城门设有瓮城或子城,城四隅设有角台,城墙沿线设有警铺,城上设有垛堞4 000多个。城墙最低处7米,最高处11米。护城河北段是利用天然屏障的汉江,其余三面为人工开掘。其最宽处达250米,平均宽约180米。据考证,这是我国最宽的护城河。古城斑驳却雄风依旧,城池沧桑仍格局完好,还在诉说着历史的风采与辉煌。

①角楼:在襄阳古城内,仲宣楼在城东南角,狮子楼在西南角,长门楼在东北角,夫人城在西北角(如图3-1所示)。现狮子楼已消失。

①(清)陈锷.襄阳府志[M].武汉:湖北人民出版社,2009.

图 3－1 仲宣楼、夫人城景观现状组图

②城墙：襄城城墙四周略呈长方形，周长 7.4 千米，城内面积约 2.5 平方千米，城墙高 8.5 米，宽 5～10 米。以土夯筑，外砌城砖。

樊城城墙缘汉江而筑，形态呈东西带形，东西长约 3 千米，南北仅 0.6 千米，建有 9 个城门。中华人民共和国成立以后，城市的建设已经跨过原有樊城城墙原址的边界。（如表 3－1 所示）

表 3－1 《襄樊历史文化名城保护规划(2007)》覆盖历史城区边界一览表

<table>
<tr><td rowspan="9">覆盖的重要历史边界</td><td>分类</td><td>名称</td><td>具体内容及现状</td></tr>
<tr><td rowspan="3">城门</td><td>襄城</td><td>存留：阳春门、振华门、文昌门、西成门、临汉门</td></tr>
<tr><td rowspan="2">樊城</td><td>存留：定中门、鹿角门、柜子城</td></tr>
<tr><td>消失：公馆门、迎汉门、朝觐门、朝圣门、迎旭门、会通门</td></tr>
<tr><td rowspan="2">角楼</td><td rowspan="2">襄城</td><td>存留：仲宣楼、夫人城</td></tr>
<tr><td>消失：狮子楼、长门楼</td></tr>
<tr><td rowspan="2">城墙</td><td>襄城</td><td>存活：襄城城墙</td></tr>
<tr><td>樊城</td><td>大部分消失：樊城城墙</td></tr>
</table>

3.1.1.2 襄阳现存的古城遗韵

襄阳古城由于屡遭战乱浩劫，许多文物古迹、名胜建筑或是有史无实，已荡然无存；或被争相吞占，残缺不全，严重影响了古城的历史风貌和价值品位（如图3－2所示）。至今城墙北段尚保留着临汉、拱宸、震华等3座城门，在临汉门上尚保留一座始建于唐、重建于清的重檐歇山式的城楼，经过修缮后完整无缺。尽管如此，襄阳古城在全国而言，尚属保存较为完好之例。城郭尚存，轴线、城郭、古河道、道路格局基本未变，护城河较为完整，还保存有3/4的城墙，尤以东、北两面城墙及大、小北门、夫人城基本完整（如图3－3、图3－4所示）。

图3－2　襄阳古城空中鸟瞰图

图3－3　古襄阳古城遗韵景观组图(1)

图3-4 古襄阳古城遗韵景观组图(2)

3.1.2 城防与山水体系

3.1.2.1 城池防御体系

《左传·僖公四年》中记载:“楚国方城以为城,汉水以为池。”

顾炎武在《天下郡国利病书·湖广上》中说:“襄阳居楚蜀上游,其险足固,其土足实,东瞰吴越,西控川陕,南跨汉沔,北接京洛,水陆冲辏,转输无滞,与江陵势同唇齿。往者常筑樊城以为守襄计。夫襄阳与樊城,南北对峙,一水横之,固犄角之势。樊城固,则襄阳自坚;襄城坚,则州邑皆安。然则襄阳者,天下之咽喉,而樊城者,又襄阳之屏蔽也。”①襄阳是一座经典的军事重镇,其城防系统的构建与山水格局息息相关。襄阳城雄踞汉水中游,北临汉江,城三面为汉水、襄水环绕,是得天独厚的军事要地。优越的地理位置使其成为历代战略要地,据《读史方舆纪要》载:“襄阳上流门户,北通汝洛,西带秦蜀,南遮湖广,东瞰吴越。欲退守江左,则襄阳不如建邺;欲图中原,则建邺不及襄阳;欲御强寇,则建邺、襄

①(明)顾炎武.天下郡国利病书(五)[M].上海:上海古籍出版社,2012.

阳仍左右臂也。”在长期的战争中，襄阳优越的地理环境、城高池深的筑城方式，均显示出其作为一座古典军事重镇的经典城池形貌和典雅的城池文化特征。

襄阳古城基本呈方形，城墙四边方正，历史上经常被称作“方城”。城北以天然汉江为池，东、南、西为人工开凿的护城河，古称“方城汉池”，今有“华夏第一城池”的美誉。汉水气势雄浑，与襄阳这座以军事为重的中部名城气韵相合。东晋史学大家习凿齿在《襄阳耆旧记》中写道：“襄阳城，本楚之下邑，檀溪带其西，岘山亘其南。”①2012年，国家文物局将襄阳城墙与荆州城墙、兴城城墙、南京城墙、临海城墙、寿县城墙、凤阳城墙、西安城墙一起列入《中国世界文化遗产预备名录》。

3.1.2.2 山水体系

襄阳是以襄阳城（或称襄阳古城）为中心的山水城市。襄阳城北临汉江，南倚荆山，“借得一江春水，赢得十里风光，外揽山水之秀，内得人文之胜”，是聚集山水精华的中华腹地的山水名城。② 襄阳城蕴含了中国传统的美学精神——山水境界，是山水文化传统的智慧结晶，是山水城市的典型代表。

襄阳山水体系是以襄阳城为核心，由汉江和荆山山脉中重要的山水环境节点组成的自然景观体系，由襄阳护城河、汉江、南渠、岘山、习家池、虎头山、羊祜山、真武山、隆中山、鱼梁洲、鹿门山、万山等景观组成。近年来，根据城市功能、市民生活休闲需求，对襄阳山水景观空间节点进行规划整合，形成了较成熟的滨江景观带、护城河－南渠景观带、岘山景观带、隆中景观走廊、鱼梁洲生态景观区等山水景观格局。滨江景观带包括两部分。一是襄城区滨江路从襄阳汉江一桥头至汉江二桥头的沿江区域。这一区域沿线以汉江为媒介，串联了长门遗址公园、历史文化街区荆州北街——古治街、北街、古城墙遗迹大北门瓮城（拱宸门）、西新城湾城墙、临汉门、夫人城、昭明台、临汉门公园、小北门广场、护城河西段等人文景观节点。二是从襄城区汉江二桥头至凤雏大桥沿江区域。这一带就是古老而著名的襄阳老龙堤，古称大堤。老龙堤不仅阻挡着汹涌澎湃的汉水，护卫着襄阳的安全，见证了昔日繁忙的襄阳水运，而且在历史上也是闻名遐迩的游览胜地。护城河－南渠景观带犹如环绕古城的翡翠玉带，沿岸碧波荡漾与绿草花木、亭台楼阁珠联璧合的景致仿佛又为古城披上了一件迷人披风，把古城衬

---

①（东晋）习凿齿．襄阳耆旧记［M］．舒焚，张林川，校注．武汉：荆楚书社，1986.

②2002年襄阳被评选为“国家园林城市”的证词。

托得更加雄伟刚健。岘山景观带像一道苍翠幽美的屏风，以其自然的秀美景色，为古城襄阳增添了浓墨重彩的诗情画意。

3.1.3 街巷空间格局

《说文解字》中称，“巷，里之道也”。《中国古建筑术语辞典》中称：“街巷，是指中国古代城镇道路。说文，‘街，四通道也。巷，里中道路’。最初街巷二字不分，战国以后称城里十字干道为街，居住区内道路为巷。”①《诗经》中亦有阐述：“直为街，曲为巷；大者为街，小者为巷。”②可见街有大道、集市、路径之意。“街巷”是我国古代对街道的一种传统称谓，是具有中国特色的城市景观和城市肌理，至今为止，街巷名称仍被沿用。“街巷是城镇形态的骨架和支撑，街为城镇级道路，巷为街的分支，街道布局多呈树枝状分布，街为干、巷为支。”③作为一种基本的城市线性开放空间，街巷承担了交通运输的职能，是城市交通的动脉，同时又是市民生活的重要场所，是旧时承载居民经济活动和社会文化生活的舞台。襄阳街巷文化景观是襄阳地区由古至今社会政治、经济、文化发展的产物，凝聚了几千年的民俗生活气息，空间特点显著。

襄阳街巷文化景观主要以襄城“十字街”和樊城“九街十八巷”为代表（如图3－5所示），是历史上襄城、樊城两城的主要发展区域。襄城“十字街”（如图3－6所示）呈棋盘式布局，街道流线以南－北、东－西走向为主，布局轴线明确，街巷通直，少曲线，主次有序。昭明台下道路呈“卍”字形，支巷则多呈尽端式，如北街的“非”字形格局，街巷肌理整体和谐一致。除两条十字街干道较宽外，其余均较窄，宽约1米。重要路面中间铺以石板，边嵌鹅卵石，次要道路街巷多为碎石土路。如今襄城“十字街”街区道路已经发生了较大改变，主轴道路南街、东街、西街，街道拓宽，承担襄城主要交通职能；北街保留其商贸功能，规划为仿古一条街，在保留明清、民国年间的各式建筑遗存的基础上，修缮老旧建筑，建筑纵横交错，排列有序，富有强烈的韵律。境内有部分历史街巷已经消失，如王府口巷、司衙巷、母鸡巷、青园巷等。此外，为解决交通拥堵的问题，还新修建了环城路、滨河路等道路。

---

①王效清. 中国古建筑术语辞典［M］. 北京：文物出版社，2007.

②方娜. 福州传统小街巷的保护与整治——以大根路为例［J］. 建筑与文化，2018(2)：147－149.

③梁雪. 传统村镇实体环境设计［M］. 天津：天津科学技术出版社，2001.

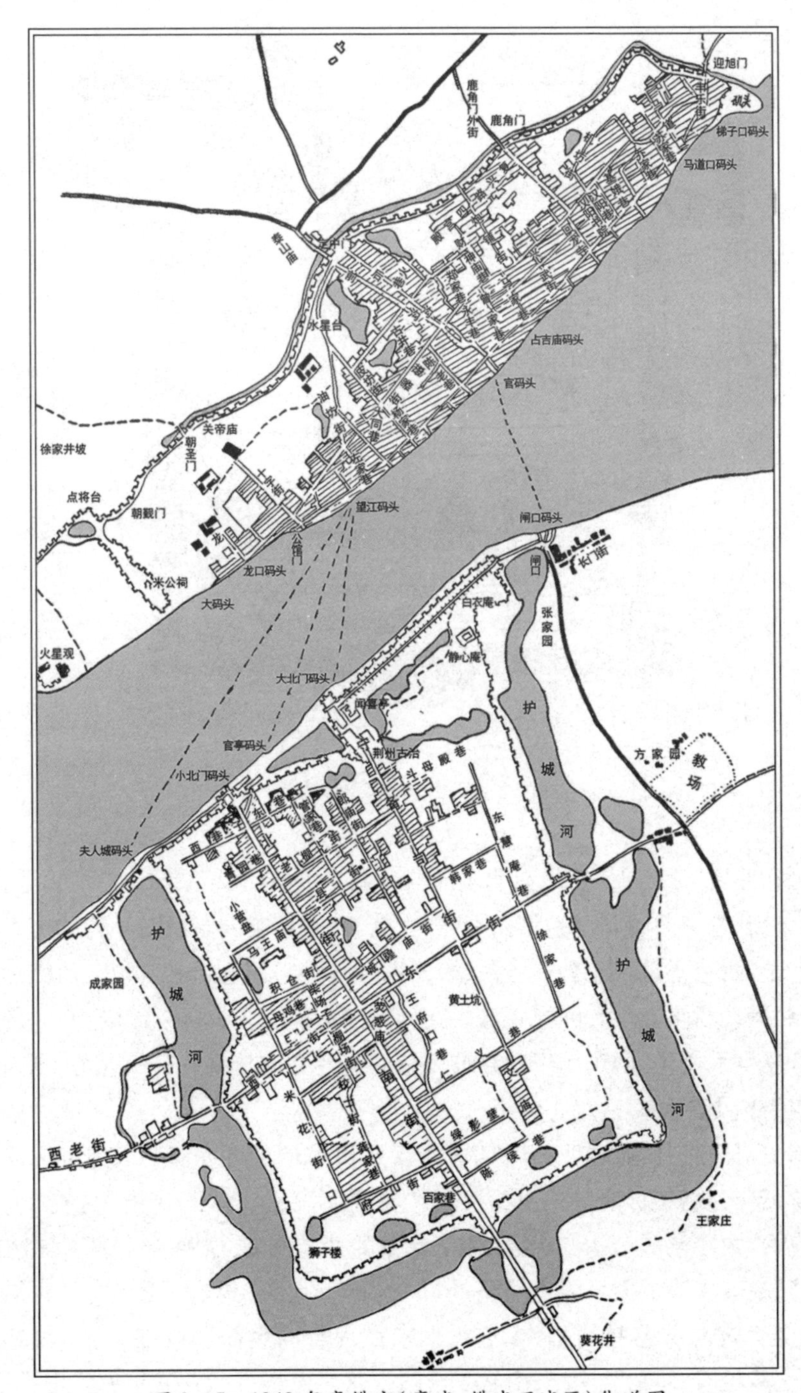

图3-5　1949年襄樊市（襄城、樊城两城区）街道图

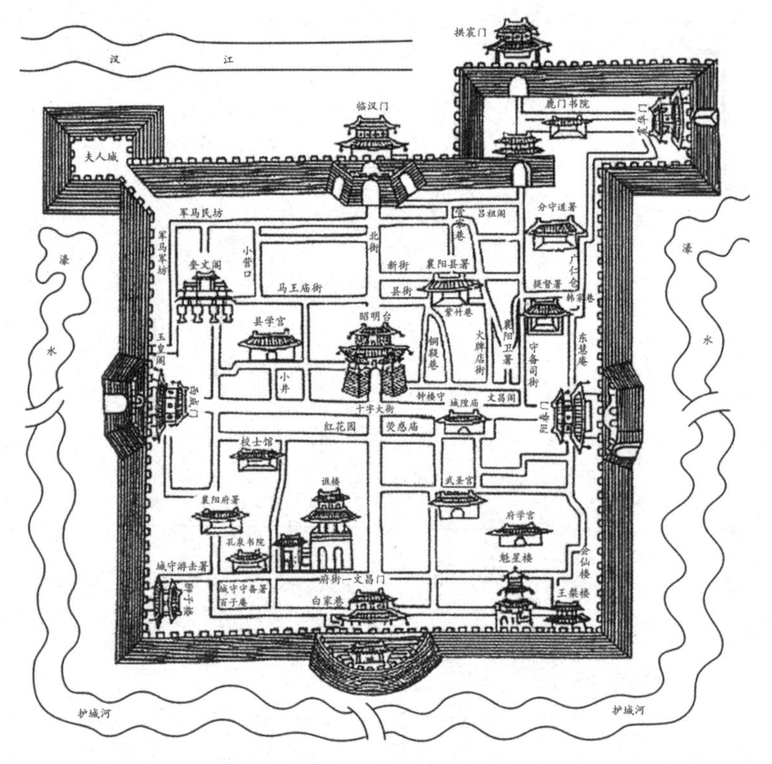

图 3－6　襄阳古城图(清代)

现在襄城“十字街”区域南北走向的街巷主要有北街、南街、卉木林巷、米花街、校士街、管家巷、新安街、荆州街、慧安巷等，东西走向与汉江平行的街巷主要有东巷子、西巷子、新街、马王庙街、永安街、中山街、积仓街、鼓楼巷、西街、东街、红花园、运动场路、府街、陈侯巷等。在城市建设过程中，襄城街巷空间肌理虽然有部分发生了变化，但仍属于保存较完整的街巷文化景观。其中北街、荆州北街被认定为历史文化街区。

据史料记载，樊城在明清时期成为汉水流域的商业重镇，《襄阳府志》中记载：“樊城十万艘帆标麻立……为百货杂集之所。”沿汉江伸展的“九街十八巷”及相应的“大小码头七十二个”组成了樊城的基本格局。1949 年前后，樊城的 39 条街巷，基本反映了樊城的道路格局以“九街十八巷”为主要特色。“九街十八巷”是老樊城古街老巷的总称，主要集中在现今的樊城区临江一带，西起米公祠，东至迎旭门，北临大庆路，南至汉江边。这是老樊城商贸繁华的历史见证，是留存的城市底片，透射着千年商埠的魅力。樊城古街老巷的命名大多是取自不同的行业,反映了明清时期手工业和商业的行业汇聚和分工协作的特点。比如,皮坊街上有十几家制皮革作坊;瓷器街以经营瓷器而得名;炮铺街开设了十多家大大小小的鞭炮作坊;机坊街以铁木机器织布为主;当铺街是农产品的集散地,山西人曾在这里开设当铺;铁匠街有很多铁匠铺,锻造修船、造船以及车辆维修所用的铁件;教门街有座清真寺,是回民聚居地;油坊街的巷内原来设有油坊;白店道子在清末有家经营白布的店铺和栈房;篾匠道子在光绪年间有一个工艺高超的齐姓篾匠;米花道子因巷内过去有几家炸米花的作坊而得名;兴武街在清代为武昌商人聚集地,街北正对着武昌会馆。按照现在的说法,那些古街老巷就是特色一条街、产业一条街,由此可见老樊城昔日的繁华。

这些街巷以沿西北-东南走向展开的中山前、后街为骨架,南北向分布着陈老巷、瓷器街等小巷串接,形成网格状道路格局。这些街巷与码头紧密联系,延伸至江边,这也是古代商业繁荣发展的先决条件之一。两侧巷道呈枝状拓展,形成层次分明、脉络清晰的鱼骨状街巷格局,这种格局能够灵活适应地形地貌的复杂变化,因此也是汉江流域的滨水历史街区最常见的构成形态。

但从《襄阳市中心城区 FC 0101 片区控制性详细规划》中可见,樊城"九街十八巷"中的部分巷子已经消失,部分原有街巷已经拓宽,现片区内基本见不到原来的历史街巷,依稀可辨的只有定中街、炮铺街、中山后街、瓷器街、兴武街、陈老巷、鹿角门街、火巷、定中街、十字街(朝阳路)等。其中,历史区域有定中街历史文化风貌区、陈老巷历史文化街区、瓷器街历史文化风貌区、友谊街历史文化风貌区,周围自2007年以来新建了襄阳新天地、汉江明珠城、襄阳天下、九街十八巷等城市商业综合体与现代高层住宅(如图3-7、图3-8所示),樊城历史街巷肌理逐步被消解。

图3-7　樊城老城区新建项目场景组图(1)

图 3－8 樊城老城区新建项目场景组图(2)

这些城市更新项目多为零星地块的“见缝插针”或历史街巷的“推翻重建”，破坏了老城风貌的整体感。近期较多大规模、高强度的商业建设，集中于老城周边区段，缺乏充分研究的所谓改造破坏了城市空间发展轴线和历史景观视廊，如南北－东西走向的发展轴线。（如表 3－2 所示）

表 3－2 樊城历史区域周边城市建设项目

名称	相关项目	具体内容	项目时间
中山前后街历史文化风貌区	九街十八巷项目	大型城市商业综合体	2014 年
友谊街历史文化风貌区	襄阳天下项目	大型城市商业综合体	2014 年
瓷器街历史文化风貌区	解放路片区旧城改造项目	大型城市商业综合体	2014 年
陈老巷历史文化街区西侧	汉江明珠城	住宅小区	2011 年

3.1.4 建筑风貌与开放空间

3.1.4.1 传统建筑风貌

襄阳传统民居建筑是汉水流域民居的集中体现，个性较为突出，墙体比南方的厚，比北方的薄，南方多为马头墙，北方多为硬山墙，襄阳则多为封山墙。墙的造型多种多样，如罗锅式、硬山式、云头山式等。无论是哪种形式，墙顶（帽）、墀头（墙头的垛子）、屋顶、檐口都有烧制的装饰材料（瓦件）或人工堆砌的龙凤花卉进行装点。大脊两端为向外昂首的三把鬃鸱吻，山墙墀头为昂首挺立、与封谐音并蕴含“吉祥如意”意义的凤鸟(如临汉门南侧的民居,樊城前街、陈老巷一带的商贾店铺门面建筑,只要留心观察,襄、樊二城到处都有地方传统建筑的遗貌)。高档的建筑物,两山墙上的墀头,仿庑殿式墙顶砌作,以鳌鱼尾和三把鬃加以装饰,如隆中武侯祠的三殿、樊城清真寺门楼等。凤鸟后面是各式透空或浮雕的花脊。这些装饰件都是经过当地历代匠师的长期提炼抽象化了的历史产物,工艺简单,但装饰感很强,造型十分优美。

临街楼房多为重檐式建筑。檐口以各种花形的勾头滴水镶边,既实用又美观。重檐或单檐出挑的尺度都很大(深),这大概是为了便于经营和方便买主或行人躲雨、避风、防日晒等。挑檐的造型和手法多种多样,非常丰富,不一一列举。门面一般没有什么复杂的彩绘,部分富贵人家的墙上墀头、檐下的挑枋、承担檐面的大枋,多以渔樵耕读、梅兰竹菊、龙凤鸟雀等素雅雕饰点缀美化。屋面为青瓦坡顶,墙体以清水筑砌。墙顶与瓦面衔接之处,用斗拱和上下混条,以白灰膏粉线镶边,使墙体线条富于变化,青白相间,明快淡雅。大小各异、宽窄各异、不同档次的各种类型建筑,高低错落、参差有序,自然地形成了襄阳古老街道的风貌。

从明、清到民国各式的建筑布局都有遗存,纵横交错,排列有序,富有强烈的韵律。沿街铺面房屋的开间大小、多少、高低、宽窄、单层、双层和进间层次、敞开式和封闭式,很明显地反映出其主人的身份贵贱及其营生。房屋分单开间、双开间和三开间,单层、双层(楼)之别。三开间多为大户,以毗连式的形式组成一进、二进等数座院落,轴线非常明朗,布局十分对称严谨。而单开间或双开间由多姓居民组成若干院落,以曲线的形式纵深延续,布局流畅自如,既反映了封建社会的等级秩序,也富有浓厚的地方习俗和乡土气息(如图3-9、图3-10所示)。

图3-9　襄阳古民居建筑景观组图(1)

图 3－10　襄阳古民居建筑景观组图(2)

3.1.4.2 公共开放空间

襄阳城市开放空间可分为自然开放空间、半自然开放空间和人工开放空间三类。自然开放空间主要指自然要素占主导地位的开放空间，如岘山、羊祜山、真武山、隆中山、汉江、鱼梁洲等开放空间。半自然开放空间主要指以自然环境为载体，通过人工要素的参与，在少数地方建造人工建筑，进行过人为改造，使其更能满足人类活动需求的城市开放空间，如岘山文化广场、张公祠森林公园、习家池、临汉门公园、长门遗址公园、樊城江滩公园、老龙堤公园等(如图 3－11 所示)。人工开放空间主要指人工环境组成的开放空间，包括为人们日常活动所配套的道路、广场、绿地、步行街、住宅小区院落等，如人民公园、永安广场、新华公园、襄阳公园、北街、荆州古治街、陈老巷等(如图 3－12 所示)。

图 3－11　襄阳半自然开放空间景观组图

图3－12　襄阳人工开放空间景观组图

3.1.5 文化景观与历史遗存

3.1.5.1 码头文化景观

襄阳位于汉江中游，地理位置优越，水陆交通便利，素有“南船北马”“七省通衢”的美誉，自古以来就是重要的渡口和港湾（如图3－13、图3－14所示）。优越的水陆交通条件为襄阳商业的发展提供了先决条件，推动襄阳发展成为区域群体商业经济的重要组成部分。而码头作为以水运交通为主的商业城镇不可或缺的服务性基础设施，是城镇商业空间轴线的重要节点，不仅承担着连接水陆运输、江河联运、客货集散等功能的纽带作用，还与街市一起形成城镇商业空间的点线空间轴线，是人们生产、生活的重要场所，记载着城市的发展历程。同时，码头的设立使得襄阳成为一个兼收并蓄、开放通达的场所，不断吸收着不同地域的特色文化，多元文化在城市发展中相互激荡、彼此融合，逐渐形成了以开放包容、灵变趋新等为主要特征的文化基质，造就了襄阳南北交融的地方特色和开放包容的城市精神，也形成了相应的、内涵丰富的码头文化。从某种角度上来说，码头文化是襄阳的城市之根和城市之魂，码头文化中所蕴含的变革、趋新意识，使襄阳人积极追求新生事物，提高自身创造力。

在水运交通十分发达的时代，作为汉水流域最为重要的城市之一，襄阳沿汉水两岸有着繁多的码头，它们对襄阳的发展起着举足轻重的作用。

“万垒云峰趋广汉，千帆秋水下襄樊”①，襄阳历史上的交通主要靠汉水航运，城因港兴，港为城用，港口和水运在襄阳的发展史上有重要地位。

①潘世东. 汉水文化论纲[M]. 武汉：湖北人民出版社，2008.

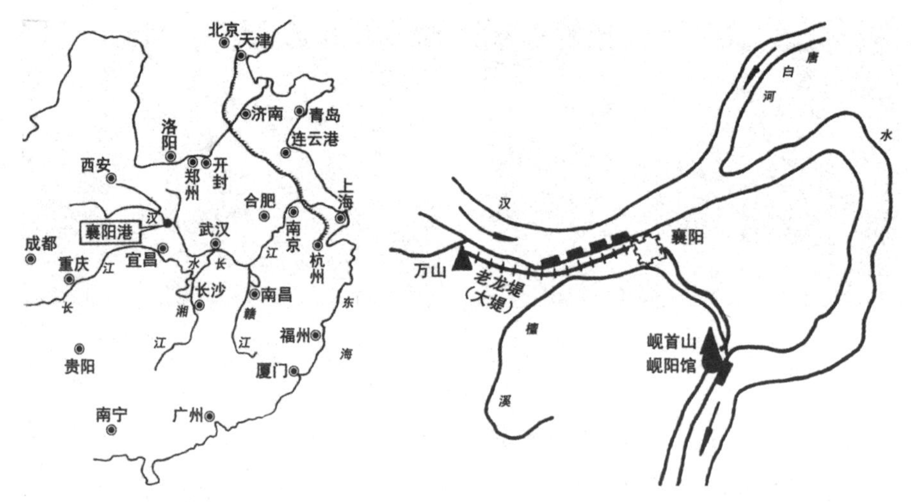

图 3－13　古襄阳港地理位置示意图　　　　图 3－14　唐代襄阳客货码头位置示意图

1. 历史上的襄阳码头

汉水是长江中游的最大支流，发源于陕西省宁强县，襄阳以下江段别名襄江、襄水，流经陕西、湖北，辐射河南、四川、重庆，于湖北武汉市注入长江，将南、北方相连。襄阳位于汉水中游，其水路航线开发成效尤著。襄阳码头历史悠久，早在春秋时期就开始营运。西汉时期，襄阳码头是汉水中游的重要港口。据《襄樊交通志》记载：民国二十四年（1935 年）前后，汉江的江边共分布有 11 个半码头，其中，襄城 3 个、樊城 8 个半。① 在漕运兴盛年代，襄阳城区汉江两岸大小码头最多达 72 个。清道光年间任襄阳知府的郑敦允，为治理汉水泛滥，由商人赞助在沿江修筑了一条坚固大堤，后人称之为郑公堤。大堤修筑也为河街的繁荣创造了条件，同时还将樊城码头改为台阶式石码头，并且部分为人货分流码头。每个码头都与河街、会馆相通，有的则直接对着会馆，如公馆门码头、晏公庙码头、官码头就距山陕会馆较近。官码头是当年樊城岸上最大的一处起运点，以装运土产杂货为主。

据现有资料可知，中华人民共和国成立前，襄阳旧城区范围内汉江两岸的码头将近 30 个。北岸樊城旧城码头从东至西依次为梯子口码头、马道口码头、湖南码头、基峨巷码头、汉阳书院码头、回龙寺码头、五显庙码头、占吉庙码头、官码

①王继一. 襄樊交通志［M］. 北京：中国城市经济社会出版社，1990.

头、余家巷码头、晏公庙码头、邵家巷码头、杨家巷码头、左家巷码头、林家巷码头、公馆门码头、中州码头、龙子口码头、大码头、千福码头、火星观码头（如图3－15所示）。南岸襄阳古城码头从东至西依次为闸口码头、长门码头、大北门码头、铁桩码头、官厅码头、小北门码头、北堤码头、罗家巷码头。如今绝大多数已衰落，原来那些商埠码头也渐渐被改造成现代的中小型港口，原来的石阶和建筑已经荡然无存，还有些码头甚至已经消失，只在原来的旧址上剩下一些纪念碑述说着辉煌的过去。（如表3－3所示）

表3－3　樊城部分码头历史列表

码头名称	历史沿革
大码头	位于米公祠西端。原为陡坡式土码头，清道光八年（1828年），襄阳知府郑敦允修建樊城堤防时，将其改建成阶梯式石码头
龙子口码头	位于龙口南侧，以巷名龙口而得名。码头原为陡坡式土码头，清道光八年（1828年），襄阳知府郑敦允修建樊城堤防时，建成两座石码头，呈"V"形，双层踏步式石蹬道
公馆门码头	因临近公馆门而得名。原为土码头，清道光八年（1828年），襄阳知府郑敦允修建樊城堤防时，将其改建成石码头
林家巷码头	因位于林家巷南侧而得名。原为梯级踏步式土码头，清道光八年（1828年），襄阳知府郑敦允修建樊城堤防时，将其改建成石阶梯码头
邵家巷码头	因位于邵家巷南端而得名。码头始建已无可考，现存码头系清道光八年（1828年），襄阳知府郑敦允修建樊城石堤时修建
晏公庙码头	因位于晏公庙南而得名。码头始建已无可考。现存码头系清末改建
余家巷码头	因坐落在余家巷南端，故名。始建已无可考。原为自然土岸坡，后清末时建成踏步式石码头
官码头	位于麻鞋湾南端，古代是达官贵人专用码头，故名。1968年改名为人民码头，人们仍称官码头
占吉庙码头	因码头有占吉庙，故名。码头始建已无考，清末改建。码头上方是庙宇与牌坊相结合的建筑物
回龙寺码头	因临近回龙寺而得名。原为陡坡式土码头，后于清末逐步改建成石阶梯码头
五显庙码头	因码头有五显庙，故名。始建已无可考，原为陡坡式土码头，后清末改建成石码头。码头上方原有小庙（五显庙），面阔三间，硬山顶，青砖砌筑

（续表）

码头名称	历史沿革
基峨巷码头	因邻近基峨港而得名。始建已无可考,清末改建成石码头
汉阳书院码头	因北邻近汉阳书院,故名。始建已无可考,原为陡坡式土码头,清末时改建成石码头
马道口码头	以码头西侧小巷马道口而得名,原为陡坡式土码头,清末时改建成石码头
梯子口码头	位于樊城街区最东端,临近迎旭门,原码头进口狭窄且陡,石级如梯,故名。原为土码头,清代时改为石码头,1970 年以后改建为块石水泥直立式码头
湖南码头	码头正对湖南会馆大门,原是湖南商贾专用码头。原为陡坡式土码头,清末改为条石码头,共有条石阶梯 10 级,体量较小
左家巷码头	位于沿江大道中段,因临近左家巷南而得名。今仍可见石阶 17 级。码头泊位清晰,条石形态完整,整体保存较好。现存系船孔石 5 件
杨家巷码头	位于樊城一桥头,因与码头相连的杨家巷而得名,浙江会馆在此码头附近,此码头为旧时汉江船只上下货物的通道之一
中州码头	位于今沿江大道中段,距原中州会馆东侧门约 20 米,因此而得名。码头上层有条石台阶 25 级,下层有 17 级,2002 年在修沿江大道时,对其原貌有所改动,条石驳岸仍可见完整系船孔石 2 件
千福码头	位于米公祠前,该码头于清同治年间由土码头改为条石码头,1959 年由市搬运公司改建为斜坡式
火星观码头	位于沿江大道西端,因附近的火星观而得名。同治八年(1869 年)修筑成石堤,光绪二十三年(1897 年)重修,之后又多次进行了加高加固处理

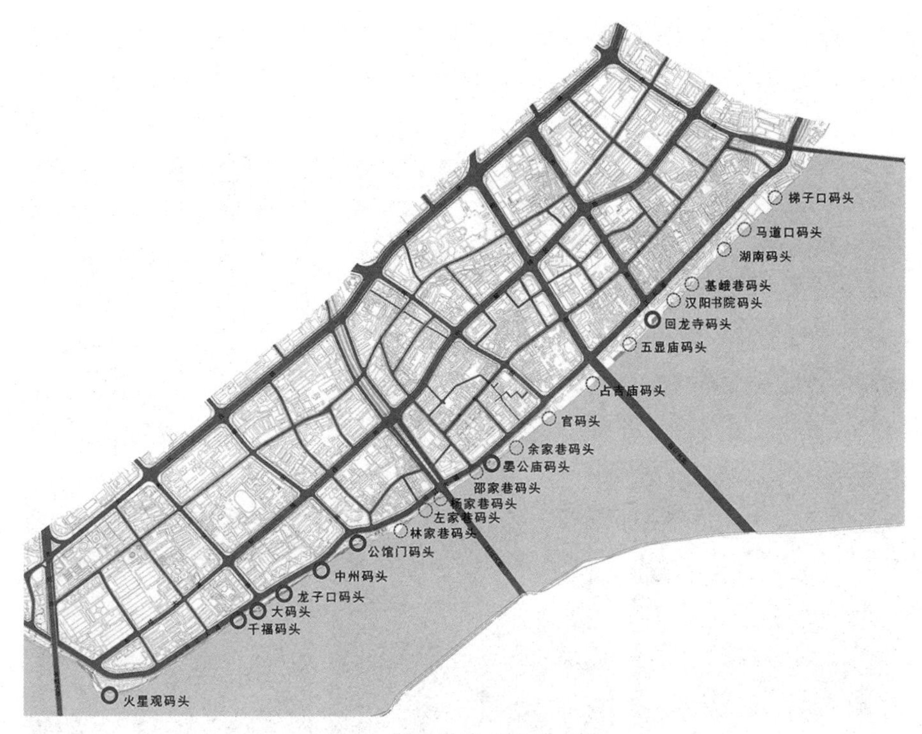

图3－15　樊城码头分布图

2. 襄阳现存的码头

如今襄阳城区内的码头已经成为景观性质的街头开放空间，城区外的码头部分被用作运输煤和河沙的工业码头，另一部分已经衰落。现在襄阳码头主要集中于樊城、襄城等人口密集区。其中，襄城南岸有7个，分别为檀溪、罗家巷、夫人城、小北门、官厅、铁桩、西河；分布于北岸樊城的码头有9个，分别为大码头、火星观、龙子口、公馆门、中州、千福、回龙寺、晏公庙、梯子口（如图3－16所示）。在《襄阳主城区汉江岸线利用规划（2016）》中，初步规划市区汉江段码头共34个，其中襄城区13个、樊城区8个、襄州区3个、东津新区5个、鱼梁洲5个，泊位总计约180个。规划范围包括汉江襄阳中心城区两岸岸线，西起襄荆高速公路桥，南至崔家营大坝，北至唐白河大桥、清河一桥。洲岛岸线包括鱼梁洲、贾家洲、老龙洲和长丰洲，规划岸线总长约105千米，水域面积约70平方千米。码头类型包括旅游码头、公交码头、游艇码头、公务码头、渔船码头等。其中，襄城的小北门、樊城的米公祠等码头功能将被保留，而樊城的千福码头、公馆门码头、中州码头、兴武街码头等码头的交通功能将被取消，襄城和东津将新建多座码头。樊城的23座码头和襄城的8座码头，基本上保留了完好的历史结构，也成为襄阳市入选“万里茶道”节点的重要资源。

图3－16　襄阳部分现存码头场景组图

3.1.5.2 会馆文化景观

会馆是同乡人士在京师和其他异乡城市专为同乡停留聚会或推进业务所建立的场所,狭义的会馆指同乡所公立的建筑,广义的会馆指同乡组织。① 它产生于明朝,并在明朝中叶逐渐兴起,清朝达到会馆发展的鼎盛时期,在异乡人聚居较多的地方都可见到会馆建筑的身影。而人口的自主性聚集也是地区政治、经济、文化发展的结果。所以,会馆的产生是地区性商品经济蓬勃发展的产物。从一定意义上说,城镇会馆的数量与该城镇的商业发达程度成正比,地区商业活动越频繁,经济水平越高,吸引的异乡人越多,会馆的数量就越多,规模就越大。

1. 襄阳历史上的会馆

襄阳地理位置优越,物产丰富,"商贾连樯,列肆殷盛,客至如林",鄂、川、豫、赣、陕、晋、皖、湘、苏、浙、闽等11省份的行商和行帮相继在襄阳建立会馆,数量达21座之多。这些会馆绝大部分坐落在樊城沿江地带,是清末民初樊城商业繁荣的一个重要见证。樊城的20家会馆②(如表3-4所示):河南省会馆3家(中州会馆、怀庆会馆、楸子会馆);江西会馆2家(抚州会馆、小江西会馆);安徽会馆4家(韩城会馆、徽州会馆、泾县会馆、歙县会馆);江苏会馆1家;四川会馆1家;浙江会馆1家;福建会馆1家;湖南会馆1家;湖北会馆4家(汉阳书院、武昌会馆、黄州会馆、齐安会馆);另外还有由纤夫、船工组成的会馆1家;山西、陕西两省商人共同建造的山陕会馆1家。(如图3-17所示)

表3-4 樊城会馆名录

会馆名称	历史沿革	现状
山陕会馆	位于皮坊街1号(现为市二中校址),1955年拆改,2004年重新修缮	现存会馆
抚州会馆	位于中山前街陈老巷东,新汉江大道中段,现已修缮一新,由政府统一管理规划	

①何炳棣.中国会馆史论[M].北京:中华书局,2017.

②王良.襄阳城市历史空间格局及其传承研究[D].西安:西安建筑科技大学,2017.

（续表）

会馆名称	历史沿革	现状
黄州会馆	又名黄州书院，位于交通路52号，原鄂北机械厂拆改，主体建筑现已基本修缮一新	现存会馆
小江西会馆	位于中山前街212号，1952年拆改，2019年完成修缮，正式移交文物部门管理	
江苏会馆	位于友谊街33号（原襄阳县粮食局宿舍），1949年拆改，现在襄阳天下项目中被重建	
中州会馆	又名河南会馆，位于沿江路中段，1935年改为盐库，2005年拆除，目前正在原址附近复建中	已消失的会馆
韩城会馆	属安徽省，位于朝阳路南段，约1947年拆改	
独栀子馆	属纤夫、船工会馆，位于解放路与交叉口侧，1935年拆卖	
浙江会馆	位于汉江大桥樊城桥头，1926年拆改	
徽州会馆	位于皮坊街（市二中校址），1911年毁	
怀庆会馆	属河南省，位于晏公庙与邵家巷中间	
齐安会馆	又名小黄州会馆，位于中山前街，1951年总工会改修	
福建会馆	位于解放路与交通路交叉口南侧，建市电池厂时拆改	
泾县会馆	属安徽省，位于解放路与定中街交叉口南侧，中华人民共和国成立前被毁	
武昌会馆	位于市广播电台院内，1980年拆除	
四川会馆	又名川主官，位于十七中校址内，1951年拆改	
汉阳书院	位于汉阳书院巷内（十七中教师宿舍），1920年毁于火灾，1951年拆改	
楸子会馆	属河南船帮，位于老官庙东侧（原市人民银行支行对面），抗战时期毁	
湖南会馆	位于市第一小学内，约1950年部分拆改	
歙县会馆	属安徽省，位于中山前街东段，湮灭年代不详	

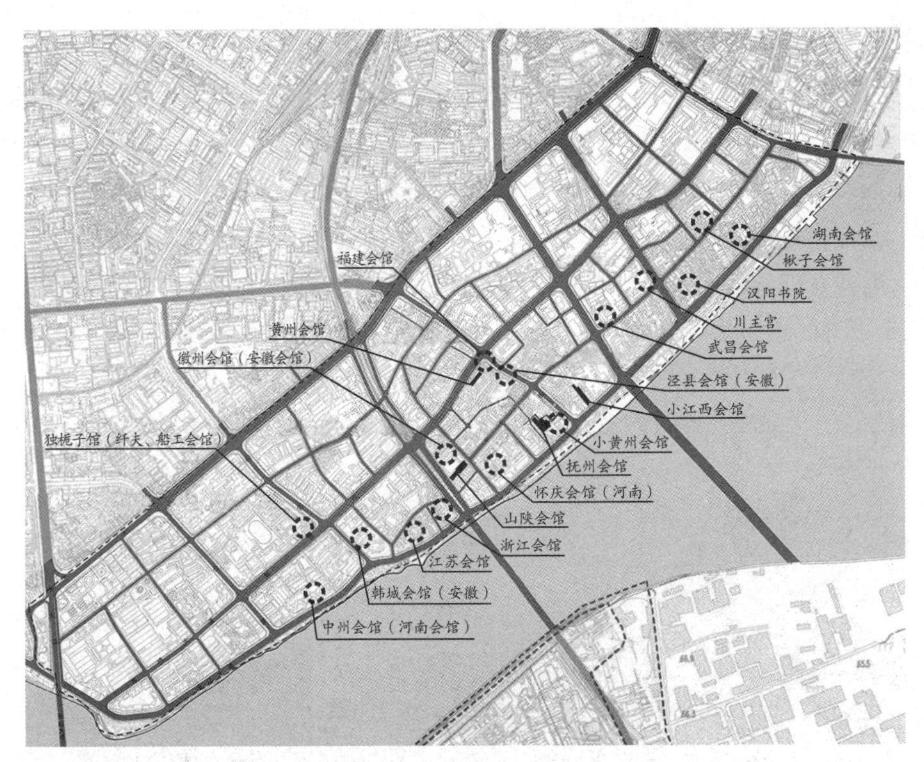

图 3－17　樊城会馆分布图

2. 襄阳现存的会馆

目前，随着襄阳市旧城更新的建设，樊城的老会馆建筑所剩无几，现存的仅有山陕会馆、黄州会馆、抚州会馆、小江西会馆、江苏会馆共5家。除了山陕会馆经过维修和保护，质量状况良好外，其余留存会馆都破败不堪，濒临消失。另据不完全统计，历史上有中州会馆、武昌会馆、四川会馆等15家会馆，现均遭拆毁或破坏。其中中州会馆现已被房地产商开发为住宅，拟异地重建。

（1）山陕会馆。山陕会馆（如图3－18所示）位于襄阳二中内，由山西、陕西两省商人合力兴建，是襄阳规模最大、建筑最精美、保存最好的会馆建筑。它以山门、祭殿为中轴，分为供奉区、园林区、寄宿区和管理区。前殿为四柱三间形式，高大敞亮；正殿供奉关羽座像，造型艺术精湛；大殿前左右两侧各有一钟鼓亭，正前方为一方形空地。迎面是一座戏楼，高二层，雕梁画栋，造型美观。馆内有专供赏玩的苑林，廊房雕花装饰，古色古香，庭院曲径铺石，花草点缀其间。后因历史原因，大部分建筑被拆除，现存有大门两边琉璃八字影壁、戏楼、钟鼓楼、前殿、后殿等单体建筑，但仍可见当年雕梁画栋、金碧辉煌的气派。2002年，山陕会馆被公布为湖北省重点文物保护单位。山陕会馆建筑群布局严谨，严格在中轴线两边对轴布置建筑。正对轴线是位于两座大殿前的双亭，建于一座3米高的台上，一亭为四角攒尖，一亭为歇山滚脊，它们体量与高度一致，只是屋顶不同，左右相映成趣。大门两边琉璃八字影壁，壁心有团花双龙戏珠、莲花童子浮雕，右壁有红日高照及十二神明浮雕，左壁有皓月当空及十二月将浮雕，四角有象征福寿的蝙蝠瑞兽浮雕。影壁前有一对青石狮，雕工精细，活泼可爱。

图3－18　山陕会馆现状场景组图

（2）抚州会馆。抚州会馆（如图3－19所示）位于陈老巷街区南端，直面汉江，由独具特色的戏楼台和前后两大殿及附属建筑构成抚州会馆建筑群。其中，戏楼堪称古建筑的绝世精品，二层结构，高约9米，面阔12.4米，进深8.4米。楼顶为歇山庑殿式结构，两山穿斗构架，明楼、夹楼遍布如意斗拱，龙、兽、麻叶图形装饰其上，明楼两侧的高拱柱以宝瓶插花和栏额双龙戏珠浮雕装饰，一柱一梁，一础一角，满布鸟兽花卉纹饰，高高的匾额上镌刻着“峙若拟岘”四个大字。戏楼内穹顶，雕花垂柱，攒尖式八角彩绘藻井，给人以美的享受。在历史上，因优越地理位置享有盛誉，清末民国初年间许多戏曲班社在此争相献艺，抚州会馆曾为襄阳戏曲事业的繁荣发展提供舞台。但由于缺乏行之有效的保护措施，抚州会馆只剩下一个戏台和两座大殿。戏台曾被作为民居使用，两座大殿曾被民办化学涂料厂占用，对木结构体系的抚州会馆来说是极大的威胁和破坏。抚州会馆于2016年开始进行修缮工作，计划修缮完成后作为戏曲博物馆向市民开放，但截至2019年11月还在进行基础工作，修缮进度缓慢。

图3－19 抚州会馆及其周边现状场景组图

（3）黄州会馆。黄州会馆（如图3－20所示）亦称“护国宫”，始建于清朝鼎盛时期，规模仅次于山陕、武昌两会馆。黄州会馆现只剩一门楼和一座大殿，占地约950平方米，是至今保留较完整的一处由本省人修建的会馆，也是一处神庙与会馆相结合的建筑。仅存的大殿为一穿斗式木构架建筑，两山为五平墙，墙头有瓦当滴水及空花脊饰，保存相对完好。2017年襄阳新天地项目开发时对会馆进行了保护性修缮，以“整旧焕新”的设计理念，将老会馆的墙土和房梁加以修复和保护。

图 3－20　黄州会馆景观组图

(4)江苏会馆。江苏会馆(如图 3－21、图 3－22 所示)位于樊城友谊街 33 号,原林家巷东南侧,也就是在左家巷与林家巷(已拆除)两条巷道中间,建于 1804 年,属于樊城会馆群中建馆较早的会馆之一。会馆坐南朝北,跨樊城两条主要街道——前街和后街。《襄阳史迹扫描》一书中称,江苏会馆为四进三合院,第一进有左右两间厢房和前堂,前堂与第二、三、四进仅存的过厅、正堂均面阔三间,是一组较典型的中轴对称的院落式空间布局,皆为两层硬山顶砖木结构。① 会馆大门是四柱、三间的歇山屋顶的牌楼形式,古雅美观;门扇是木质拼板门,外包铁皮,呈“人”字形图案,经岁月洗礼,仍可见其曾经的精致。但该片区为老城区改造项目“襄阳天下”的建设区域,经修缮后的江苏会馆已全无岁月痕迹,如仿古建筑般在周围高层建筑的簇拥下显得格格不入。

图 3－21　江苏会馆场景组图(1)

①襄阳市第三次全国文物普查领导小组办公室. 襄阳史迹扫描[M]. 武汉:湖北人民出版社,2012.

图3－22　江苏会馆场景组图(2)

(5)小江西会馆。小江西会馆(如图3－23所示)位于中山前街上段,现沿江大道炮铺街口,始建于清同治八年(1869年),用来储存南来北往的药材和茶叶等货物,是襄阳地区清代古仓储式民居的典型代表。抗日战争期间至中华人民共和国成立前,其部分房屋由江西富商何仁顺用来囤聚粮食,因此,门额是以商人人名“何仁顺”命名的商号名。原建筑墙高达8米,院深达80米,共有七重天井院,可谓墙高院深,符合其货物仓储的建筑功能。高墙可保证货物的安全,降低货物遭遇盗窃、火灾、水患等灾害的损失,80米进深的院落为货物的存放提供了足够的空间。中华人民共和国成立后,会馆收归国有,曾作为民居使用,房屋逐渐破败,后来襄阳市政府斥资修缮,并于2019年初修缮竣工。小江西会馆今后的具体用途须上级部门审批后才能够确定。

图3－23　小江西会馆场景组图

3.1.5.3 宗教及纪念性建筑文化景观

襄阳人每遇闲暇谈论往事时，总会滔滔不绝地谈到城南风光、名胜古寺，免不了提起“一里四个寺，走寺不见寺”的话来。这是说襄阳城南山山相连，山中幽静，相继择地建有寺。这些寺相距较近，俗话说翻山就到，立于山巅，即可看到，但走路要费点时间。虽然这些寺庙已毁，但人们仍然能清楚地记得它们：华山西北麓的甘泉寺、西山北麓的卧佛寺、华山东麓的延庆寺、岘山西北麓的帆山寺。

1. 宗教建筑

襄阳是南北文化的交汇点，宗教文化也不例外。道教圣地武当山位于襄阳西部，对襄阳的宗教文化有很重要的影响。襄、樊两城城内皆有道教、佛教、伊斯兰教、天主教和基督教的活动场所，包括一系列庙宇、道观、神宫。城西南的真武山上有真武庙，樊城古有城隍庙、马神庙、回龙寺、财神庙等，今有清真寺和天主教堂，襄阳古城内古有武圣宫、宏庆宫等。

为寄托心中情感，古人在城外也建造了很多亭子（如图 3－24 所示）。有在城南 3 里，唐太守裴坦建的闻喜亭；明朝时建在岘首山上的文人宴游之所——岘首亭；为了抑制岘山的生长而在岘首山巅修建的文笔峰；襄阳百姓为纪念羊祜将军，在岘山建的堕泪碑；在汉水之滨的岘山中有“北城最频登”的汉广亭等。

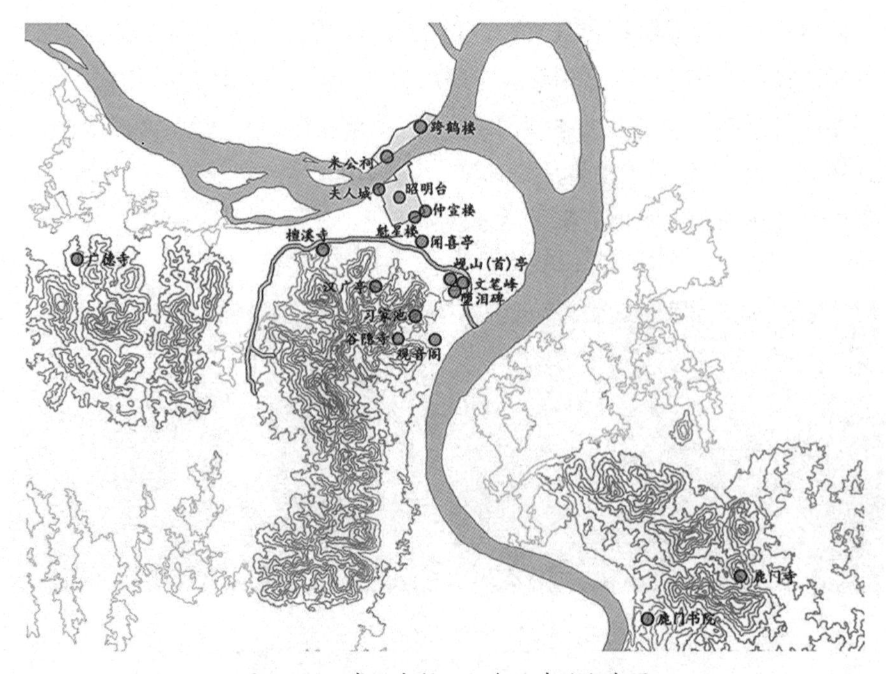

图 3－24　襄阳宗教及纪念性建筑分布图

佛教也是襄阳历史上一颗璀璨的明珠。这里曾是中国佛教的重要据点，高僧云集，佛刹林立，直到今天还有许多佛教的历史遗迹散在各处。古刹广德寺就是其中之一，是湖北省佛教历史上著名的十方丛林。

广德寺（如图3－25、图3－26所示）位于襄城区隆中山东北端，始建于唐代贞观年间，初名“云居禅寺”。明景泰年间重建，原位于隆中山，成化年间迁现址，因明宪宗御笔亲赐“广德禅林”牌匾，遂改称广德寺至今。坐北朝南，南北长约250米、东西宽约180米，占地面积约45 000平方米。中轴对称布局，原来规模较大，共有房屋127间。现存藏经楼、方丈室、知客堂、东西客堂及多宝佛塔。1992年维修并重修山门、天王殿。多宝佛塔位于广德寺藏经阁后，建于弘治七年（1494年）至弘治九年（1496年），由广德寺道园和尚主持兴建。金刚宝座砖塔，通高16.8米。宝座八角形，直体，边长5.32米、高7.26米，下奠矮基，设角柱，叠涩檐，四面施石券门，正门上方石额刻有“多宝佛塔”字样，外壁中部各设一龛，雕趺坐莲台佛像一尊。塔心设八角形单层仿木结构砖塔，檐下施斗拱，四壁设龛，龛内设坐佛浮雕。八角形塔四隅各立高6.65米的六角攒尖顶楼阁式小塔，正中立一喇嘛塔，八角须弥座，覆钵式塔身，十三天向轮，石宝珠塔刹，通高9.54米。

乾隆年间，广德寺碑文对多宝佛塔的造型艺术和建筑风格作了一段生动描述：“多宝者，寺之主山，五峰突兀，迥出云表。八方四门，中有盘道，上下内外，共有四十八佛，诚伟观也。”

图3－25　广德寺景观组图(1)

图 3－26　广德寺景观组图(2)

辛亥革命后，襄阳砖木结构的平房和临街面的二层清水式木板房、楼板房等房屋样式受到西洋建筑的影响，雕梁画栋的古式门面有部分改成一面墙式的西洋式门面。在襄城、樊城的街头也相继出现富有异域特色的哥特式、罗马式建筑。樊城定中街中段的天主堂是典型的罗马式建筑，坐东朝西，长 50 米，宽 12 米，能容纳 400 余人礼拜。街头公共建筑除了酒楼、茶馆、戏院、电影院等外，最显眼的还是各种寺、庙、堂、会馆。襄阳的庙宇多达 111 座，各种古祠宇 30 处。随着时间的推移，有些古建筑早已不复存在，但是大部分古建筑都得到了较为完整的保护。（如图 3－27 所示）

图3－27　襄阳其他宗教建筑景观组图

2. 纪念性建筑

襄阳除了古刹名寺外还有不少纪念性建筑，其中影响较为广泛的当属位于樊城区汉江之畔的米公祠（如图3－28所示）。米公祠始建于元朝，扩建于明朝，原名米家庵，是为了纪念有“颠不可及”“妙不得笔”“与孟鹿门号两襄阳书传千古，共苏黄蔡称四巨子颠压三人”等美誉的北宋书法家、画家米芾而修建的祠宇，是襄阳市境内的标志性景观之一。自清康熙三十二年（1693年）始，先后由米芾第十八代孙米瓒、十九代孙米爵、二十代孙米澎重建，清同治四年（1865年）再建。祠堂由建筑亭、拜殿、碑廊、宝晋斋、仰高堂等纪念性建筑与庭园串联而成，雅致清静，碑石林立，怪石嶙峋，银杏参天，给人以清静幽深之感，并珍藏清雍正八年（1730年）由其后裔摹刻的米芾手书法帖45碣于祠堂中，其他碑刻145碣。1956年，米公祠及其石刻被公布为湖北省重点文物保护单位。2006年5月5日，米公祠作为清代古建筑，被国务院批准列入第六批全国重点文物保护单位名单。

图 3－28　米公祠景观组图

3.1.5.4 历史名人文化景观

襄阳大地，人杰地灵，这块古老的土地培育了一批不拘一格的历史人物。他们的事迹在历史上有记载，在人民群众中广为流传，对社会发展产生了积极的影响，留下了宝贵的非物质文化财富。后人在其诞生地、活动地建设故居、碑刻、祠堂、雕塑等具有纪念性的建筑、广场、园林，供后人瞻仰、凭吊，从而形成名人文化景观。

襄阳的历史名人可归纳为下列几种类型。

①帝王：刘玄、刘秀、李自成、张献忠等。

②思想家、政治家:诸葛亮、庞统、张柬之、张士逊、范宗尹等。

③文人:宋玉、王粲、萧统、王逸、王延寿、欧阳修、皮日休、杜审言、孟浩然、杜甫、魏玩等。

④名将名臣:伍子胥、刘表、岳飞、张自忠、羊祜、韦睿、张士逊、廖化、杨仪、向宠、习郁、杜预、马良、刘弘等。

⑤名士:司马徽、庞德公、卞和、蒯越、马谡等。

⑥书法家、史学家:米芾、习凿齿等。

⑦宗教人士:释道安等。

1. 名人历史古迹

名人历史古迹承载着当地的风俗文化、名人文化、美食文化、地域文化,是传统文化的重要表现。襄阳名人遗迹众多、分布广泛。在襄阳城西13千米的群山环抱中,是三国著名的政治家、军事家诸葛亮隐居之处——古隆中,著名的“隆中对”和刘备“三顾茅庐”的故事都发生在这里。在隆中山“山不高而秀雅,水不深而澄清”的胜境中,诸葛亮当年活动遗迹,如草庐、六角井、小虹桥、躬耕田等景观,历千年而安然,于明代形成了“隆中十景”(如图3－29所示)。中华人民共和国成立后,又修建了隆中书院、诸葛草庐亭等众多景点,形成了现在的隆中名胜风景区。

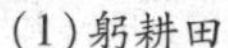

(1)躬耕田

(2)小虹桥

(3)抱膝亭

(4)隆中书院

(5)武侯祠

(6)六角井

(7)三顾堂

(8)诸葛草庐

(9)老龙洞

(10)腾龙阁

图3-29 “隆中十景”系列景观组图

千年古刹鹿门寺,由东汉光武帝刘秀的大臣习郁主持建立,汉、唐以来为佛教圣地和文人雅士的集聚地,成为当时的一个文学艺术交流中心,留下了众多诗篇。唐代诗人孟浩然官场失意幽居鹿门山,吟咏山水自得其趣;晚唐文学家皮日休也曾幽栖鹿门寺;张子容、王迥等都曾在此地隐居过,史有“鹿门高士傲帝王”之说;唐宋八大家之一的曾巩曾发出“不踏苏岭石,虚作襄阳行”的感叹。

米公祠则是纪念北宋大书法家米芾的祠宇,现坐落在樊城沿江大道旁。该祠原名为米家庵,是米氏家庙。祠宇由拜殿、宝晋斋、仰高堂、九华楼、远楼、洗墨池等建筑组成,现仅剩宝晋斋。建筑形式除仰高堂的重檐歇山式外,其余均为硬山式。拜殿正中有帖墙四柱三间五楼式牌楼,楼檐下置斗拱,起支撑和艺术装饰作用,牌楼两边额枋置有人物八仙图案,别致、庄重、古朴。新建的碑廊和东、西两苑内镶有米芾、黄庭坚、蔡襄、赵子昂等近现代书法家的书法石刻100余通,可谓一座巨大的艺术宝库。

东汉名士水镜先生——司马徽的故居现坐落在襄阳市南漳县城南约500米处的玉溪山山腰石穴中,名为水镜庄。选址依山面水,视野开阔,向北眺望,南漳城及周围田园尽收眼底,心旷神怡。主要景观有司马徽隐居处草庐、水镜祠、珍珠泉、水镜遗址、汉井、汉墓群、文笔峰等,自然景观有老虎洞、藏龙洞、神秘谷等。

张自忠将军纪念馆位于宜城市襄沙大道55号烈士陵园内,建于1991年,建筑占地面积720平方米。纪念馆馆舍为四合院式仿古建筑,幽静肃穆,格调典雅，融民族风格与现代特色为一体，体现了"承前启后、继往开来"的主题。主题鲜明，内容丰富，充分展示了张将军艰难曲折的经历和从严治军的风范。

而位于古城东南郊的鹿门山，则因庞德公、孟浩然、皮日休等名人，现建为鹿门山国家森林公园，并有鹿门寺等景点依托，成为鹿门山旅游及文化展示地。

2. 文学作品中的景观

在长达2 800多年的历史里，襄阳与众多历史事件、历史人物、历史遗迹相联系，成为襄阳悠久历史的见证。刘备马跃檀溪、三顾茅庐，诸葛亮在襄阳郊外的古隆中与刘备对谈时的"隆中对"等故事，几乎家喻户晓。因此，襄阳具有十分丰富的三国历史文化底蕴，从某种意义上说，襄阳就是三国文化的源头，没有襄阳就没有诸葛亮的"隆中对"和诸葛亮文化，更没有后来的三分天下。三国文化有广义和狭义之分，广义上指人类在社会发展过程中的三国历史时期所创造出的精神财富和物质财富的总和，狭义上也指人们对三国历史进行研究所获得的知识经验。其中，《三国演义》是对三国文化表现得最为形象生动的作品，无论在学术还是影视领域，都在全国甚至全世界掀起了三国文化的热潮，激发了全国各地游客对三国文化的旅游需求。

3.2 感知与价值——知觉作为价值的基础

为了探寻城市存留的历史脉络，为了读懂生命沉淀的印痕，我走遍了这里的每一条街巷，记录下那些看似毫不起眼的民间建筑，它们或已凋敝，或已被废弃，或已被遗忘。但是，正是这些普通的邻里街区讲述着真实的历史，启示着我们发掘城市的个性与深意，并赋予城市的建筑与景观丰富的情感内涵。很多时候，这些地方已成为现存城市形态的有机组成，与之水乳交融，似和谐而奇妙的乐章，然而，它们的历史真正被保留下来了吗？①

——董孝孙（Anthony M. Tung）

①ANTHONY M TUNG. Preserving the world's great cities: the destruction and renewal of the historic metropolis[M]. New York: Clarkson Potter. 2001.

3.2.1 知觉体验中的城市景观感知与认同

人对城市景观的感知和认同，主要来自全方位的知觉体验。由詹姆斯·吉布森(James Jerome Gibson)提出的知觉系统包括视觉系统、声学系统、嗅觉和味觉系统、基本的定向系统，以及触觉系统。这种全方位的感官体验在景观感知活动中具有认知的普遍性意义，是长期累积的知觉经验和群体思维的结晶。在此基础上形成的知觉记忆不仅包含印象图画，还有行进期间的身体行为和感知经验等，是人们根据知觉体验而形成的内在世界与外在世界的重叠，带给人更深远的心灵与思想层次的升华。

知觉体验意义上的城市景观已经成为城市生活的外在表现，其间能被我们感知的是景观对象的整体特征，是将我们能感知的空间介质以及空间界面整体景观化组构后的特征，而这一整体性特征必然包含着吉布森的六大知觉系统所带来的整体体验。对大多数市民和游客而言，城市景观的整体特征就是对城市定位的一种感知。就如同提及苏州我们脑海中多会浮现一幅粉墙黛瓦、小桥流水人家的画面，而北京则是高大雄伟、金碧辉煌的印象。

所谓特征，就是指一事物异于其他事物的特点，是从本质上确认或识别某物的一系列特点的总和。有了这样的本质特征，城市景观才具有可识别性。而这种城市景观的整体特征不仅停留于景观风貌，还是某一景观元素的特征形态的表达。正如建筑师、城市规划师查尔斯·瓦尔德海姆(Charles Waldheim)在《景观都市主义》一书中所说："景观取代了建筑，成为当代城市发展的基本单元""正因为跨越了多个学科，景观不仅成为洞悉当代城市的透镜，也成为重新建造当代城市的媒介"。[①] 城市景观是城市物质形态、社会生活、人文精神三个层面的综合表达，其特征也具有多维性和复杂性，是一个在整合了视觉、知觉的基础上，还依托身体的其他知觉系统，并涉及知觉与记忆的过程，共同构建了基于整体性的特征及其意义。概括来说，城市景观的物质形态层面主要包括历史文物、园林绿化、建筑群落、广场公园、古街名巷、城市雕塑以及公共小品等。这些物质形态不仅具有使用功能，还渗透了城市的人文韵味，融入了城市人们的精神渴望。如凯文·林奇(Kevin Lynch)笔下的贝肯山街区，包括了狭窄陡峭的街道、

①查尔斯·瓦尔德海姆. 景观都市主义[M]. 刘海龙，刘东云，孙璐，译. 北京：中国建筑工业出版社，2011.

古老而尺度适宜的砖砌联排住宅、维护精致的凹入式白色门廊、黑色的铁花装饰、卵石和砖铺的人行道、安静的气氛，以及上流社会的行人等。但其实对有些人而言，谈起某些有特殊感知的街区，甚至并不能清晰地表达其细节，而仅仅是感知，例如："我喜欢运通大街，因为该有的都在那里，这是最重要的，其他什么都无所谓……运通大街就在那里，在附近工作的人共同拥有它，这非常美妙。"①

通过街道、建筑、植被等物质表层，具象地表达对城市的感知的过程就是通过物质形态表层，展现城市社会生活的过程，折射出人们所共有的某种生活习惯、交往特点和娱乐方式，体现出独特的人文状态，也展示了一个城市的文化底蕴。从感知转向认同的过程，其实经历了从物质能量向精神能量的转化，而城市文化扮演了推波助澜的角色。城市景观的人文精神层面则包含了市民的行动理念、习俗风尚及宗教信仰，城市精神蕴含于纷繁复杂的城市生活中不易被感知，但它是一个城市的灵魂和动力，无形地左右着城市前行的步伐。

总之，特征的意义就在于城市景观具有明确的独立性，相互之间不应混淆，因为景观对象的特征在历史进程中与社会文化的意义不断结合，具有了某些特定的、超越形式的内涵，拥有了本质特征。就像克里尔所比喻的咖啡壶和酒瓶，咖啡壶可以用来装酒，但它还是咖啡壶，这就是本质特征。

3.2.2 城市景观的集体记忆与意象

城市景观是在城市中将自然与人工环境和景物从功能、美学上进行合理的保护、改造、组织和再创造的产物。它不仅是人类聚合形态的空间表现，也是探究城市景观的景观脉络及整体关系，探究蕴藏在其中的社会人文环境背景、物质形态的动态演化过程，记录并再现人类文化，反映城市的文明历史。"城市是人们集体记忆的场所。"②可以说，城市是"靠记忆存在的"③。大到一个城市街区、群体建筑聚落，小到某个纪念性建筑、广场、小巷，甚至是一座雕塑、一棵古树都具备功能和美学上的特征，能有效地被人们感知，也留下了人们对空间使用的印

---

①凯文·林奇. 城市意象[M]. 方益萍，何晓军，译. 北京：华夏出版社，2001.

②ALDO ROSSI. The architecture of the city[M]. Cambridge: MIT Press，1984.

③刘易斯·芒福德. 城市发展史：起源、演变和前景[M]. 宋俊岭，倪文彦，译. 北京：中国建筑工业出版社，2005.

迹。随着时间的推移,这些印迹层层积淀凝结成人们的集体记忆。正如莫里斯·哈布瓦赫(Maurice Halbwachs)在其著作《论集体记忆》一书中认为:“集体记忆不是一个既定的概念,而是一个社会建构的概念,它也不是某种神秘的群体思想。”①集体记忆在传承过程中经历各代的加减修饰,在现实中呈现出的内容与结果代表了传统群体中的集体认同或情感,且一直处于变化中。正如当代美国社会学家巴里·施瓦茨(Barry Schwartz)指出:“集体记忆既可以看作是对过去的一种累积性建构,也可以看作是对过去的一种穿插式的建构。”②

城市景观的生成与人们的生活方式息息相关,刘易斯·芒福德(Lewis Murnford)在《城市发展史:起源、演变和前景》中谈到城市的记忆功能,他指出:“城市通过它的纪念性建筑、文字记载、有秩序的风俗和交往联系,扩大了所有人类活动的范围,并使这些活动承上启下,继往开来。城市通过它的许多储存设施(建筑物、保管库、档案、纪念性建筑、石碑、书籍),能够把它复制的文化一代一代地往下传。因为它不但集中了传递和扩大这一遗产所需的物质手段,而且也集中了人的智慧和力量。”③阿尔伯蒂(Leon Battista Alberti)曾经这样指出城市记忆的重要性:“城市记忆是限定于一特定地域范围内的,区别于其他地域的特有集体记忆,失去其起源的记忆与连续性原则,城市将濒临毁灭。”④意大利作家卡尔维诺(Italo Calvino)说:“城市的生命在于这些过往事件的积累而形成的记忆。”⑤城市景观的集体记忆是城市文化的保鲜剂,也是城市意象物质形态的表达,凯文·林奇(Kevin Lynch)在《城市意象》中把城市意象中的物质形态归结为道路、边界、区域、节点和标志物等5种元素。这些元素以某种地域特有的规律相互重叠穿插,形成城市独特的景观特征,人们通过自身感知清晰地读取景观风貌,认知城市各部分并在脑海中形成一个凝聚形态的特性,进而复合形成城市的意象。

---

①M. 哈布瓦赫. 论集体记忆[M]. 毕然,郭金华,译. 上海:上海人民出版社,2002.

②同上。

③刘易斯·芒福德. 城市发展史:起源、演变和前景[M]. 宋俊岭,倪文彦,译. 北京:中国建筑工业出版社,2005.

④朱蓉. 城市记忆与城市形态:从心理学、社会学角度探讨城市历史文化的延续[J]. 南方建筑,2006(11):5-9.

⑤伊塔洛·卡尔维诺. 看不见的城市[M]. 张宓,译. 南京:译林出版社,2006.

城市景观记载着城市的图景，无论是建筑、街道、雕塑等物化的景观元素，还是风俗、民间技艺、历史故事等非物质的景观元素，都是城市景观集体记忆的重要载体，是城市意象被有效感知且不可或缺的外在表达的方式。城市景观集体记忆的提取与保存是重塑城市景观特色的前提与保证，而城市景观的再现将人们对城市的集体记忆物化成清晰、可感知的实体形态，为记忆找到传承与延续的载体。

3.2.3 城市景观内在的价值意蕴

景观是城市历史积淀、文化底蕴的外在表现形式之一，人们通过不同的景观形式感知城市。可以说，景观的形式既是人们感知城市的形式，也是可以在人的知觉体验下构成的综合性物质形态。如安徽省宏村中风格独特的徽派古民居的外墙、屋顶、挑檐等实体界面，南湖周围古树苍翠欲滴，躯干青藤盘绕，湖面绿荷摇曳，倒影浮光，水天一色的斑斓色彩无不刺激着人们的视觉感知，感受着景观的内在的形态、色彩与空间之美（如图 3－30 所示）。海南的碧海、青山、白沙、礁盘浑然一体，椰林、波涛、渔帆、鸥燕、云层辉映点衬着美丽迷人的热带自然海滨风光，宛如一场感知盛宴，调动人们的视觉、听觉、嗅觉、触觉共同感受这座海岛的椰风海韵（如图 3－31 所示）。

图 3－30　水墨宏村景观组图

图3－31 椰风海南景观组图

但人对景观形式的感知不仅停留在静态的欣赏上,还体现在人与景观的交流互动中。如果把景观设计比作整个社会的“大舞台”,那么人在设计中即相当于舞台上“演员”的角色,人的行为方式就相当于演员的表演内容。也就是说,人在设计中是如何与五感产生行为的互动。① 因此,观景是对城市景观对象存在的感知,而活动的体验才是景观对象在知觉中的真实存在。比如,近年来在旅游城市兴起的特色民俗体验活动:沿海城市的赶海活动,内蒙古的骑射、搭建蒙古包、挤牛奶、煮奶茶活动,贵州苗寨的打糍粑、遵义的唱红歌比赛等。这些活动是生活在此的人们对城市景观的集体记忆,是城市人文景观的主要组成部分。游客参与这些活动的过程既是对城市景观的体验过程,赋予城市景观意义和各种活动的可能性,也是促成景观对象在知觉中的存在,推动特定城市、特定地点的集体记忆传承的过程。

“在人对景观的感受性背后,存在着完整的思想体系,它先于感受而发生作用,并且决定了人对景观的态度。”②人通过知觉体验产生的对城市景观价值的不同观念和看法,就是人对城市景观形成的价值观。“任何人的价值观都不是凭空产生和改变的,归根到底它反映了人的社会存在,即生存方式、生活条件和实践经历等特征。价值观的深层基础是主体的根本地位、需要、利益和能力等具体情况,是人的价值生活在头脑中的反映和积淀。因此,价值观总是和人的现实状况相联系,不同地位、不同条件、不同经历的人有不同的价值观,在存在着阶

①章采烈. 中国园林艺术通论[M]. 上海:上海科学技术出版社,2004.

②吴家骅. 景观形态学:景观美学比较研究[M]. 北京:中国建筑工业出版社,1999.

级、民族等多元化现实基础的人们之间,价值观也是多元的。”①

现象学美学理论家莫里茨·盖格尔曾经讨论过艺术形式的价值,他认为这种艺术作品形式的节奏韵律,和谐律动的协调性所具有的价值,不仅可以辅助审美对象的内容价值渗透到人们的心灵中去,而且能对审美主体的深层自我构成影响,是具有独立意义的。② 而如果将对城市景观的审美体验看作是在城市中生活的人们的基本欲望和需求的转化,那么这种欲望和需求在不断实现的过程中,既是人类自我价值实现的过程,也是城市景观实践能力的提高过程。

---

①陈烨.城市景观环境更新的理论与方法[M].南京:东南大学出版社,2013.

②司有仑.当代西方美学新范畴辞典[M].北京:中国人民大学出版社,1996.

第 4 章

景观意象的趋同与景观价值的失落

一座城市就像一朵花、一株草或一个动物,它应该在成长的每一个阶段保持统一、和谐、完整,而且发展的结果绝不应该损害和谐,而要使之更协调。早期结构上的完整性应该融汇在以后建设得更完整的结构之中。①

——[英]埃比尼泽·霍华德《明日的田园城市》

4.1 全球化视野中城市景观意象的趋同危机

4.1.1 同质化发展消减城市风貌特色

20世纪90年代以来,中国社会快速发展,经济增长迅速。查阅1990年以来的国内经济及建筑行业相关数据,可发现整体均呈上扬趋势。其中,明显可见在21世纪开始出现增长曲线提速的状况。

中国国内生产总值在2000年突破10万亿元(1999年90 564.4亿元,2000年100 280.1亿元),之后以每年1万亿元的速度持续增长。发展到2004年,数值突飞猛涨到16万亿元,形成增幅加大的转折点,并且20年来一路高涨(如图4-1所示)。

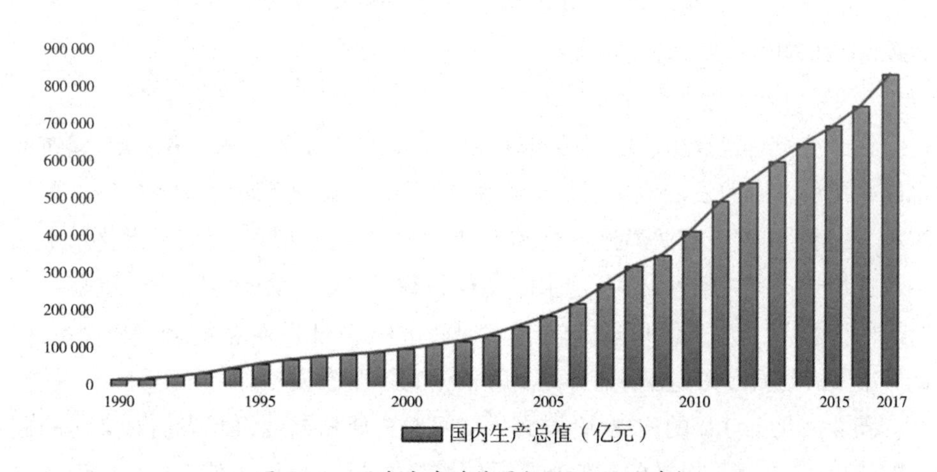

图4-1 国内生产总值图(1990—2017年)

数据来源:中国国家统计局官方网站。

①埃比尼泽·霍华德.明日的田园城市[M].金经元,译.北京:商务印书馆,2010.

建筑业总产值是能充分反映建筑业生产成果的综合指标，其以货币形式表现建筑企业在一定时期内生产的建筑业产品和提供服务的总和，从图4－2的数据中也可以明显看到建筑业生产总值的增长曲线转折向上的趋势是从2004年开始的。

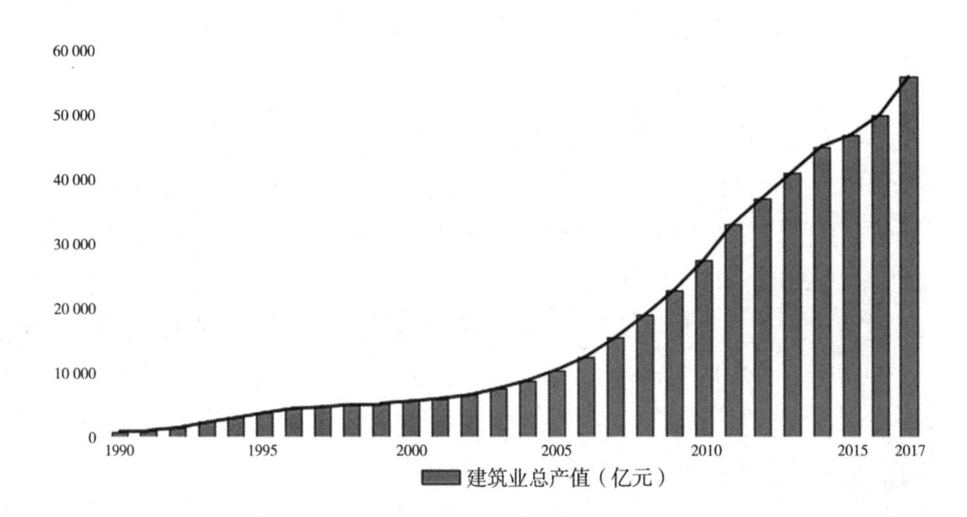

图4－2　建筑业生产总值图（1990—2017年）

数据来源：中国国家统计局官方网站。

在经济及建筑量快速发展的同时，中国进入城市化的快速发展时期，建筑业也迎来前所未有的发展高峰：2016年底，中国的城市化率水平为57.4%，预计2020年达到60%。根据国际经验，在城市化水平达到70%之前，城市化水平都会快速增长。有关学者认为，这个时期往往称为“黄金发展期”，同时也是一个“矛盾凸现期”。尤其是我国在这个阶段时间过程短、建设强度大、投入密度高，因此城市发展与城市文化之间的各类矛盾非常集中、异常激烈。①

随着文化全球化的实现，物质文化空间的全球相似性引起人们对文化趋同性的忧思，大量规划设计的相似和雷同使城市失去了个性，也使人们的生活和行为方式变得同质化和模式化。城市化进程的加快，更使得许多城市的建设过于

①单霁翔. 从“功能城市”走向“文化城市”[M]. 天津：天津大学出版社，2007.

急功近利,不断追求推陈出新,一味塑造“现代化”的表象,过于强调城市景观的恢宏与壮观,而忽视了民众最基本的需求和人文关怀。一些城市盲目追求“城市化”,角逐所谓的“现代化大都市”,人口密度迅速增大,基础设施建设严重滞后,导致城市超负荷运转。许多城市为了追随潮流,完全抛弃了原有的建筑风格,脱离当地的传统习俗,将物质文化遗产和非物质文化遗产一并掩埋在钢筋混凝土之下,损毁了千百年来独具特色的文化景观遗产,丢弃了地域文化和民族文化的许多证物,丧失了城市的真正魅力。新的建设所造成的“千城一面”,更使城市风貌发展方向难以把握,其结果是既抹杀了过去,又迷失了未来,我国的城市正“经历着一场前所未有的浩劫”①。

2012年4月至5月全国人大常委会执法检查组开展的《中华人民共和国文物保护法》执法检查工作结果显示,30年来,有4万多处不可移动文物消失,其中有2万多处文物是在各类建设活动中消失的。② 2012年的国家历史文化名城保护工作大检查显示,119个国家级历史文化名城中,13个历史名城已经没有了历史文化街区,18个历史名城只有一个历史街区,一半以上的历史街区已经变得面目全非。③ 由此可见,寻找城市的特色之美、历史之美、生态之美和人性之美是现阶段我国环境景观建设不能忽略的重要课题。尤其是随着我国城市化的不断发展,城市人际关系越来越疏远,原有的社会共同体遭到瓦解,重新塑造一个良好的地域共同体和人文关系显得极为迫切。④

全球化的浪潮席卷各地,不少城市迫不及待地迎合世界潮流,唯恐在新的发展机遇中落后,仿佛当物质文明达到一定程度之时,现代化的生产技术和模式可以高速地复制一切,甚至是一个城市。近年来,许多大型建设工程只关注项目自身形象,而对于其对周边环境景观影响的评估,以及新旧文化景观之间的融合缺乏考虑。在城市文化景观塑造中以洋为美,造成欧式建筑成风,全然不顾当地环境和条件,在历史城区内,甚至历史文化街区中,也插建一些与周围景观极不协调的所谓欧式建筑,结果不但没有为城市文化景观增色,反而破坏了原有的特色

①王元.城镇化进程中的城市文化安全与文化遗产保护[J].北京社会科学,2015(3):96-102.

②全国人民代表大会常务委员会执法检查组关于检查《中华人民共和国文物保护法》实施情况的报告[R/OL].http://www.npc.gov.cn/zgrdw/npc/xinwen/2012-07/11/content_1729564.htm.

③范周,齐骥.让文化点亮新型城镇化[N].社会科学报,2013-11-07(006).

④肖溪.兼容并蓄构筑城市景观之美:日本城市景观环境治理与营造对推动我国城市景观环境建设的启示[J].城市建设,2012(1):102-103.

和整体协调。“现阶段，以欧式、新中式、工业风建筑为‘卖点’的高档住宅小区盛行。众多房地产开发商纷纷推出‘欧陆风情’‘中式风’‘loft 公寓’招揽客户，从‘地中海别墅’到各种‘府’‘庄’‘院’，从‘威尼斯水城’到各地的‘loft 公寓’，一个个笼罩着风格光环的形形色色的建筑，星星点点镶缀在祖国的青山绿水之间。以至于从建筑上，尤其是现代建筑上，很难体现城市的历史积淀和建筑文化的积累传承。”①

早在40多年前，梁思成先生就曾警告过，“我们有些住宅区的标准设计‘千篇一律’到孩子哭着找不到家；有些街道又一幢房子一个样式、一个风格，互不和谐。即使它们本身各自都很美观，但放在一起就都‘损人’且不‘利己’，‘千变万化’到令人眼花缭乱的地步。我们既要百花齐放，丰富多彩，又要避免杂乱无章，相互减色；既要和谐统一，全局完整，又要避免千篇一律，单调枯燥”②。吴良镛院士认为，我们“现在不是没有规划，而是充满着各种规划；不是领导不重视规划，而是有些决策人口口声声要加强规划，真正的问题在于：有规划无思想，甚至违背科学发展观，或者是把自己的意志强加于规划”③。俞孔坚教授则呼吁，“希望在中国大地上从事设计的外国同行，要尊重和珍惜中国的土地，如同尊重和珍惜自己的土地，千万不要把他们的失败与教训在中国大地上重演。在这块土地上上演的应该是他们的经验，特别希望唤起城市建设决策者们的注意”④。

城市文化景观作为一种城市符号系统，它蕴含着复杂多样的意义，向人们传递着丰富的历史文化内涵。所以，在全球化的今天，保护历史文化名城就是要使这些历史文化内涵得以延续，这有助于更深层次地认知和理解城市传统文化，有助于把握城市地方文脉，保护城市历史文化景观，延续城市发展的连贯性。

4.1.2 “千城一面”中迷失的城市景观

我国城市不断向大型化、现代化、经济化发展演变，但随之而来的是城市的文化景观也面临着前所未有的危机，大量城市遗产消失使城市空间原有的肌理和文化形态被破坏，城市历史氛围被消减，“城市文脉”⑤被割裂，“城市记忆”⑥

---

①刘庆. 青岛地区物质文化遗产保护与利用研究[D]. 济南：山东大学，2010.

②梁思成. 凝动的建筑[J]. 科技文萃，2000(7)：39.

③李同欣，秦佩华. 中国不能成为外国建筑师的试验场[J]. 决策导刊，2009(1)：35－36.

④俞孔坚. 美化城市还是破坏城市[J]. 美术观察，2005(2)：20－22.

⑤秦红岭. 当代中国城市形态问题的人文反思[J]. 中国名城，2011(5)：4－9.

⑥朱蓉. 城市记忆与城市形态——从心理学、社会学角度探讨城市历史文化的延续[J]. 南方建筑，2006(11)：5－9.

的载体消失，导致了“城市失忆”①的问题，带来了严重的“城市病”和“城市文化病”。当延续百年以上的传统民居在城市“现代化”的名义下被无情摧毁，一栋栋古老的建筑在推土机昼夜轰鸣中倒下，一片片历史街区被瞬间夷为平地，我们还能认出自己生活的城市吗？2012 年，梁思成故居遭遇“维修性拆除”，2013 年，蒋介石重庆行营遭遇“保护性拆除”等，桩桩件件都让广大公众与文物工作者痛心疾首。侥幸留下的历史建筑也只能孤独地散落于新建现代商业建筑群的包围之中，历史街区的格局和氛围消失殆尽。城市历史文化遗存的空间特色与文化环境遭到了严重的破坏。与此同时，众多缺少文化内涵，又不具有历史底蕴的时髦建筑，却如雨后春笋般拔地而起，湮没了城市原本的风貌、个性和特色。如此发展的景象，焉能不遭受“千城一面”的诟病。

“由于城市的自然环境、历史因循、人文特征和经济发展存在差异，往往会呈现出不同的形态和风格。”②这种城市特有的形态和风格是城市文脉累积的结果，是城市历史文化真实质感、形体的直观展现，并在城市景观中刻下生命印记。无论是城市的文化景观还是历史街区，是文物古迹还是地方民居，也无论是传统技艺还是民间习俗等，这些物质与非物质的城市文化遗产都是形成一座城市历史文化记忆的宝贵物证。城市景观既是人们认知城市风貌、感受城市精神、构建城市印象的源点，也是人们区别不同城市的最直观的方式。但随着城市景观的趋同化，人们在“千城一面”的城市布局、建筑、街道、广场、公园、雕塑中渐渐迷失。当城市背景被清一色的高楼群、玻璃幕墙、霓虹灯、立交桥、宽阔的马路和规模宏大的广场所挤满，人们目光所及之处全是琳琅满目的精致门店、密密麻麻的广告宣传时，无论身在北京、上海还是广州、深圳，都有一种似曾相识的感受，难以辨别自己是在哪个城市。那些承载着传统生活方式、民间习俗、人间温情和地域文化的历史环境在“一年小变样，三年大变样”的城市建设目标中日趋统一，又怎么能再产生唤醒人们集体记忆的城市新景观呢？城市特色的消减使生活在其中的人们难以通过城市景观产生浓厚的家园感，导致对故乡满怀的情感无处寄托，灵魂无处安放。城市已逐渐失去了历史文化的记忆，城市景观已变得面目全非且毫无特色可言。

---

①李彦非.城市失忆：以北京胡同四合院的消失为例[J].文化研究，2013(3)：133－156.

②阮仪三.城市特色与历史建筑保护[J].新华文摘，2012(13).

4.1.3 人文侵袭下的城市与“乡愁”

城市可以诗意地栖居，城市也有乡愁。无疑，巴黎的惊世之美，在于它穷尽时空之维。它向世界开放，容纳各种文化；它跨越千年，为历史保留现场。①

——熊培云《思想国》

2013年12月，中央城镇化工作会议召开，提出了新型城镇化“要依托现有山水脉络等独特风光，让城市融入大自然，让居民望得见山、看得见水、记得住乡愁”。“乡”是指家乡，“愁”是指情感，乡愁是一种家乡情感，是一种故土情结，也是一种精神寄托。乡愁是一种家国文化，是整个中华民族的精神财富和文化瑰宝。它包括人文地理、生活环境、风土人情、文学艺术、成长记忆、行为习惯、价值观念、思维方式等。乡愁是让人们彼此之间产生联系的，具有继承性与认同感的一种意识形态。② 乡愁是人们对家乡记忆的延续，是社会群体对城市历史文化、重要事件、民俗古建等城市集体记忆的高度浓缩，是城市文化和社会群体情感体验的集中展现。城市景观作为承载着城市空间孕育的历史信息、文化内涵、地方关怀和人文情感的载体，在历史延续中丰富着其传承，具有突出的实践表征和文化内敛性③。乡愁就是历史的记忆，属于历史的一部分；城市乡愁就是城市历史的记忆，是这个城市中的集体记忆与情感的表达。城市的集体记忆让市民有一种归属感，这种归属感依赖于记忆而存在。为了保证和维持城市文化的特性，使城市中的传统仪式、历史遗址、历史景观成为整理城市记忆的重要手段，应当唤起市民的集体记忆，从而去解读城市中的乡愁。北京的乡愁是那四合院“梨花院落溶溶月，柳絮池塘淡淡风”的亲切宁静，是胡同里此起彼伏的声声叫卖；重庆的乡愁是那徜徉在绿水青山间的梯坎坡道，是依山傍水层叠而上的吊脚楼群，是山外有山、楼外高楼的城市剪影；上海的乡愁是弄堂里家长里短的“老娘舅”时光，是石库门兼容了西方排屋与中国三合院形制的海派民居；南京的乡愁是洗尽铅华从民国铺来的颐和路，是侵华日军南京大屠杀遇难同胞纪念馆的铭记于心，城市的“乡愁”始终伴随着城市的发展，并且印记在每一条街巷、每一片砖瓦、每一个故事之中。

---

①熊培云．思想国［M］．北京：新星出版社，2012．

②彭佐扬．乡愁文化理论内涵与价值梳理研究［J］．文化学刊，2016(4)：113－118．

③周玮，朱云峰．近20年城市记忆研究综述［J］．城市问题，2015(3)：2－10，104．

但近年来,在不断推进的城镇化进程中,城市规模不断扩大,而对城市历史古迹的破坏,对历史文化保护的不妥,对城市自然山水不合理的利用,以及全球化对城市空间的影响日益加深,城市对自身定位不清晰,一味地照搬所谓的"国际化"建筑风格并加以仿制……这一切使得城市本土特征被逐渐弱化,城市形象趋同,失去了自己的个性,很多常年在外的游子感叹"故乡不再"。公园景观重构、街道建筑重建、滨水环境的功能增加使城市空间景观同质化严重,景观空间的原有功能、承载的情感及本来意义的消失,城市历史记忆与文化特色的不断消减,以及承载乡愁的地方物质面貌的破坏,导致城市记忆失去载体,乡愁延续面临困难。因此,如何传递城市记忆、保护城市特色、记住乡愁,已成为中国人必须面对并解决的紧迫问题。

4.2 快速城市化进程中襄阳城市形态演变与景观损伤

4.2.1 城市肌理的断裂与边界的割裂

城市是由街道、建筑物地段和公共绿地等组成的规则或不规则的几何形态。由这些几何形态组成的不同密度、不同形式、不同材料的建筑形成的质地所产生的城市视觉特征为城市肌理。城市的肌理决定了商业区、居住区等区域的纹理、密度和质地。① 城市肌理随着时代、地域、城市性质的变化而变化,具体可以从城市形态、网络结构、深层机制这三个角度来理解。②

从城市形态构成角度看,城市肌理是城市形态体征的物化表现,是城市通过街道、建筑物、公共空间等各组成要素在密度、高度、体量、布局方式等多方面的展现,它呈现出城市在空间上的宏观表面组织构造效果,从而形成或粗犷或细腻或均质或非均质的具有明显的时代地域特征的城市肌理。对于城市肌理的把握可以通过形态构成学中对肌理的分析方法——图底关系法,以图示分析表达出城市要素的空间尺度与组织关系等。比如诺利于1748年绘制的罗马地图,采用黑白两色将城市空间抽象为建筑实体与空间虚体的组织系统,体现出诺利对罗马的城市肌理及其城市空间的认识(如图4-3所示)。

---

①齐康.江南水乡一个点——乡镇规划的理论与实践[M].南京:江苏科学技术出版社,1990.
②童明.城市肌理如何激发城市活力[J].城市规划学刊,2014(3):85-96.

从网络结构角度看，城市肌理意味着一种结构化的物质环境，包括街道形态、街区模式、公共空间等内容，城市的活力很大程度上源于城市肌理网络结构的连通性①。

从深层机制角度看，城市肌理是城市物质形态发展历程中记录最全面的复合体，是发展历程中各阶段残留特征的集合②。这种特征的集合是城市生产技术、社会行为、生活方式、历史积淀、文化内涵的外在表现形式，是城市品质和城市属性的集聚体。透过城市肌理，可以分析出城市的行政结构、构造机制和演进过程。

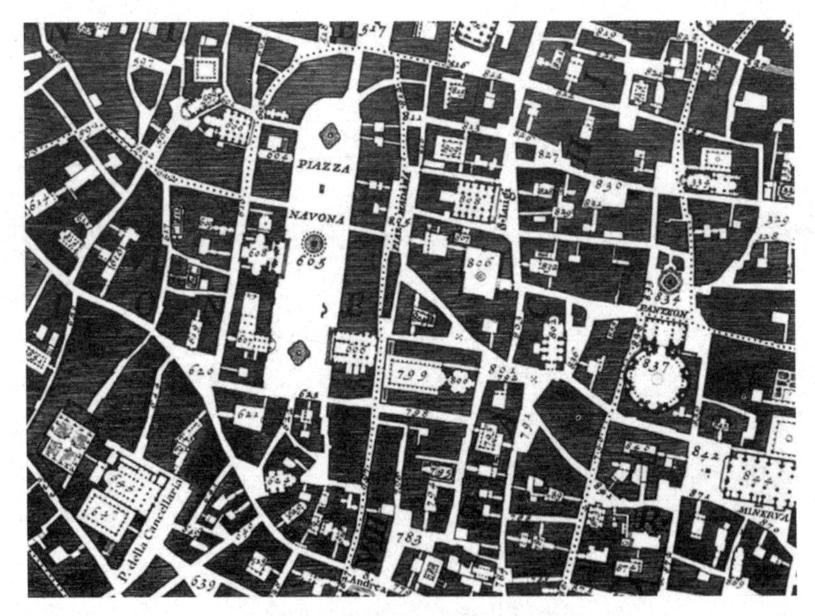

图 4－3　诺利绘制的地图（局部）

诺伯舒兹在《场所精神：迈向建筑现象学》一书中指出："第二次世界大战以后大多数的场所有很大的改变。长久以来人类聚落的传统特质已经瓦解得无可挽回和沦丧了。重建的或新的市镇看起来不再像是以往的市镇了。……在空间上新的聚落并不再拥有包被性和密度。建筑物经常是在一个公园似的空间里自由地排列，传统意识里的街道和广场不复存在，一般是单元任意的组合。这意味

①尼科斯·塞灵格勒斯，刘洋．连接分形的城市［J］．国际城市规划，2008，23（6）：81－92．

②康泽恩．城镇平面格局分析：诺森伯兰郡安尼克案例研究［M］．宋峰，译．北京：中国建筑工业出版社，2010．

着一种明确的图案与背景的关系不再存在，地景的连续性已遭破坏，建筑物不再形成簇群或群集。虽然一般性的秩序仍旧存在，尤其是从飞机上观看聚落，不过这种秩序无法让人有任何场所的感受。这种变化对既有的市镇也产生类似的效果。都市纹理被'打开'，都市'墙'的连续性被破坏，都市空间的和谐遭受毁灭。结果，节点、路径和区域丧失了它们的认同性，市镇成为假想的一个整体。"①

随着襄阳城市建设的快速发展，相伴而来的是城市局部肌理的断裂、衰亡甚至消失。新建的大尺度的建筑、住宅区破坏了传统城市细致而模糊的肌理，宜人且具有较强能动性潜能的小尺度肌理被割裂，使城市街区的尺度愈来愈相似，街区整体空间形态的控制乏力，封闭式居住小区的围墙也将居民生活同丰富的城市体验隔绝开来。突如其来的高层建筑打破了原有的城市天际线，从水平空间、垂直空间制造了城市肌理的差异与分裂。街区尺度的扩大直接导致大量传统街巷被截断，区域内部交通网络与城市交通网络缺乏紧密的连接，导致城市原有街道体系的连通路径缺损，城市网络结构断裂，从而造成城市肌理断裂区的可达性较差，影响了地区活力。

襄阳市荆州北街位于荆州街北段，南起"荆州古治"券门遗迹，北至大北门（拱宸门），全长280米，街道宽4~6米。街区北端保存有大北门瓮城，街区南端保存有"荆州古治"城市遗迹，街区西侧保存有较为完整的宋代和明代城墙遗址。2015年，有关部门对其进行了保护性更新，期望该区段成为以古城墙为背景，整洁、古朴，具有鲜明鄂西北风采的特色街区，给人们以怀古颂今的感受，达到"游览如读史，观景如赏画"的效果。但是更新后的街区活力依旧没有得到较明显的改善，其街巷尺度较小，长度过短，街巷内缺乏公共活动空间，且在襄阳古城的现状路网上，连通市政府一带与滨江路之间的南北向街道只有荆州北街一条，使得此处形成交通瓶颈，人车混行的现状导致人流无法聚集，逐渐形成了只有交通功能的街巷空间。

城市深层机制往往伴随着城市的物质形态与功能长期历史积累。当城市物质形态发生变化或被破坏时，也往往造成城市深层机制的断裂。作为一种历史文化现象的城市肌理承载着不同时期的语言、风俗、建筑、城市空间、生活状态等这些物质的与非物质的印记，表达并传承着城市文化，构成了城市的记忆，是续写城市文脉的坚实基础。这些城市记忆与文化会随着承载体——城市肌理的消失而出现缺失，导致城市文脉的破碎。

---

①诺伯舒兹.场所精神：迈向建筑现象学[M].施植明，译.武汉：华中科技大学出版社，2010.

4.2.2 街道网络的形态危机与空间割裂

"街道及其人行道，是城市中的主要公共区域，也是一个城市最重要的器官。试想，当你想到一个城市时，你脑中出现的是什么？是街道。如果一个城市的街道看上去很有意思，那这个城市也会显得很有意思，如果一个城市的街道看上去很单调乏味，那么这个城市也会非常乏味单调。"①街道作为城市基本的线性开放空间，是构成城市形态的主要骨架，也是构成城市物质性的最主要因素。它是由其两侧的建筑所界定，由其内部秩序形成的外部空间，与建筑、其他城市开放空间共同塑造出一座有血有肉的丰满的城市。

斯蒂芬·马歇尔在《街道与形态》中写道："街道可被视为一条恰好具备了城市属性的道路，或被视为一个承担道路功能的城市场所。"②城市街道空间作为城市重要活动承载体，与人的关系密切，是城市形态的构成因素，同时也是城市交通的重要载体和街道网络的组成单元。街道网络的构成影响着城市地块的开发强度，因此，街道空间又是约束城市形态的潜在动力。城市道路系统在历史中的变迁也直接改变着城市的结构，对城市肌理的最终形态造成了巨大的影响。城市空间形态与城市街道空间存在着相互促进、相互制约的复杂互动关系。

在城市化快速发展时期，随着襄阳市城市空间的迅速蔓延，老城更新和新区建设加速进行，城市交通格局发生了很大变化。一方面，襄阳古城和樊城老城区内部交通主要依托古城内的历史街巷展开，历史街巷建设之初并不是为了机动车通行，存在较多尽端路，道路未形成完整网格状体系，故道路线型、宽度及道路结构不适合机动车通行。另一方面，襄阳在步行网络与机动交通网络的竞争中，步行网络经历了逐渐消失，目前又被重视，逐步重建的过程。但在建构相对完善的机动车道路网络中，重构步行网络存在诸多现实问题的限制，如"车本位"的街道设计极大地压缩了步行交通的路权空间，城市下层细密如"毛细血管"的原始步行网络被清除，慢行交通发展迟缓等。

城市道路是形成城市格局和空间体系的主要框架，是增强城市凝聚力与市民归属感、自豪感等良好心理感觉的场所，也是体现城市活力的窗口。城市空间肌理需要城市路网作为支撑，路网系统的不合理发展会导致城市街巷空间缺乏层次，难以与丰富多样的城市古城和老城区在形态结构上形成传承关系，造成城市空间关系的割裂。襄阳古城和老城区街巷空间的形成与演变受到各个时期经济、社会、文化的共同作用，它们见证着历史的变迁，同时承载着居民生活的集体

---

①简·雅各布斯．美国大城市的死与生[M]．金衡山，译．南京：译林出版社，2005.

②斯蒂芬·马歇尔．街道与形态[M]．北京：中国建筑工业出版社，2011.

记忆,是极富文化底蕴的场所空间。其空间肌理所呈现出的主次有序的棋盘式布局或层次分明、脉络清晰的鱼骨状街巷格局都有较强的空间连续性、丰富度,实现了自然环境与城市空间的有机融合。但如今的城市建设与更新生硬地打破了原有城市街道的有机格局,破坏了街巷宜人的尺度,使清晰的城市风貌特色渐渐变得模糊,最终导致隐含在城市形态中的历史信息面临断裂的危险。

街道是最具有"城市性"的空间,它浓缩了当代城市的许多问题,也是人们探讨隔离或割裂城市空间、形态和肌理时最具关联性和高频出现的语汇。如今,襄阳的城市街道主要由机动车道、非机动车道和人行道等若干平行条状空间组成,并依赖道路护栏将其分隔成独立的空间。这种街道虽然解决了交通混乱的问题,但忽略了街巷横向联系的重要性,造成了城市空间的割裂,也使得横穿街道变得非常困难。为解决这一问题,有效地分流过境交通车辆,提升道路通行率,高架人行天桥以其建设周期短、成本低、见效快的特点,在国内街道提升改造工程中被广泛应用。但横跨街道的高架人行天桥犹如"一个巨大的标志物会使它所在地区的其他建筑物相形见绌,失去尺度"。① 高架人行天桥将原有的城市地上空间格局打破,切割城市公共空间网络,其形体和尺度破坏了通透的视廊和街道间的对景关系,形成失落空间。

4.2.3 水系绿地的破坏与生态恶化

水系与绿地系统是城市中重要的自然要素。城市水系作为城市水资源的承载主体,与城市的关系最为密切。它既是一种重要的自然资源,也是城市生态环境和空间景观质量的重要体现。很多穿城而过的河流被誉为"母亲河",如郑州的贾鲁河、南京的秦淮河、北京的永定河、成都的锦江、深圳的深圳河等。襄阳市作为长江最大支流汉江的中游城市,城市水系得天独厚,市区水网四通八达,汉江穿城而过,流经城区近30千米,水面达72.43平方千米,水质常年稳定保持Ⅱ类。另有唐白河、小清河、七里河、襄水河、护城河、滚河、淳河、浩然河等8条河流,犹如城市血脉,纵横交织于城区四面八方。尤其是面积达91万平方米的护城河,有着"全国最宽、保护最完好的护城河"的美誉。城区周边还有6座中型水库、68座小型水库。但在过去的发展历程中,城市化快速发展对水系生态的过度干扰,以及城市水系被破坏和污染,使城市生态环境恶化。区域原有水面被侵占、填埋,导致河道功能出现萎缩,调蓄功能也逐渐减退;水环境承载能力不足,导致城区水环境现状形势严峻,襄水河和七里河流经的市区段,其水体环境

①张璐璐.高架路对城市景观的影响利弊分析[J].城市建设理论研究(电子版),2015(11):4076-4078.

受影响较大；水景观缺乏，除汉江、七里河、小清河、襄水河及联山沟部分河段进行了河道两岸的治理及绿化，其余河段尚未进行系统的整治和绿化，河道两岸生态环境未能有效改观；城市水系格局行洪效率低、水质发臭、生物锐减，缺乏景观性与游憩性的硬质地面，导致城市径流和洪峰快速形成，而逐渐减少的下渗界面和河网密度使得行洪效率降低。襄阳市属大陆性季风气候过渡区，汛期（每年5—10月）雨量充沛，城区各条水系水量丰沛，但非汛期除汉江、小清河、唐白河等3条河流水量能够满足需要外，其余水系基本干涸，甚至无法保持基本生态流量要求，水体纳污能力基本消失，污染程度加剧，且城区水系的连通性较差，无法形成有效的生态补给。

城市绿地是城市用地的重要组成部分，也是城市景观的重要组成元素，对改善城市生态环境、维持城市生态平衡有着重要的作用，同时还可以为城市带来各种社会效益和生态效益。截至2020年，襄阳市建成区绿地面积8 142.56公顷，绿地率达到39.53%。其中，已建28个自然保护区，面积16.8万公顷，占全市土地面积8.5%；园林绿地面积3 082.3公顷；公共绿地面积856.7公顷。从以上数据中可以看出，襄阳以汉江流域森林城市群建设为引领，大力开展的“绿满襄阳”再提升行动已初具成效，但襄阳中心城区的城市绿地系统还处于发展阶段，点-线-面的绿化体系尚在形成中，且城区公园绿地不足，分布不均。樊城区公园总体数量较少，公园绿地欠缺较多；襄城区整体分布呈现西多东少，北多南少的数量特征，且多位于襄城区外沿，襄城区城市区域内的公园绿地较少，未覆盖区域较多，尤其在襄城区南部，几乎没有公园绿地覆盖。部分老公园如新华公园、诸葛亮广场等，多以硬质铺装为主，绿地覆盖率较低。滨江绿色休闲步道及绿地建设、樊城环形绿道、环岘山绿道尚未完成。汉江干流两岸50米及南河、北河、唐白河、蛮河等重要河流水系的绿色廊道系统和滨水绿地开放空间的构建尚在推进中。

4.2.4 建筑风貌的杂陈与空间挤压

目前襄阳还处于经济社会快速发展时期，城镇化进程仍处于人口持续向城镇集聚的过程，城市的规模在不断扩大。从《襄阳市城市总体规划（2011—2020年）》（如图4-4所示）可以看出，城市中心用地除过去的襄城、樊城和鱼梁洲，新开发东津、襄州、庞公等3个片区，城区规模在逐步扩大。但在城市建设、旧城更新的过程中，相关人员对历史文化遗产保护重视不够，大量的历史文化资源被破坏，造成襄阳历史文化深厚而历史遗存贫瘠的现状。襄阳古城格局保存尚可，但在其视廊范围内，出现了不同程度地超出高度控制的新建项目，破坏了襄阳城墙的巍峨气势和氛围，影响了古城传统的空间视廊格局、空间轮廓和大尺度自然山水格局（如图4－5所示）。襄阳至今尚存城门仅有临汉、拱宸、震华等3座，众多古城建筑格局和历史街区被拆毁，能展示历史文化名城和古都风貌的历史遗存残留不多。

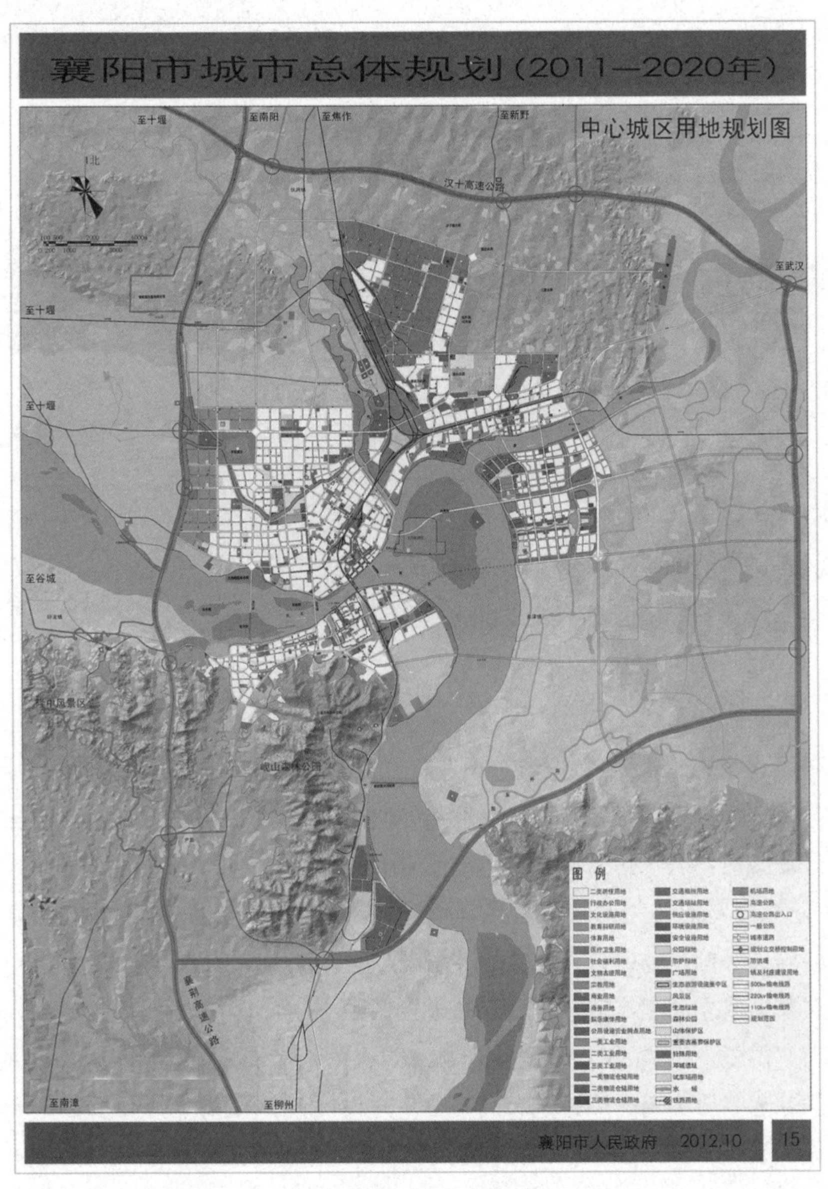

图4－4　《襄阳市城市总体规划(2011—2020年)》

图4－5 襄城区、樊城区天际线组图

襄城北街的更新，虽然保留了街巷格局，但对历史建筑基本采取推倒重建的改造方式，破坏了街区风貌的完整性与原真性，失去了历史街巷"原汁原味"的特色。樊城沿江因水运形成的"九街十八巷"鱼骨状街巷格局，在旧城改造中被破坏，新旧建筑形体之间缺少联系，没有形成街道的气氛与性格；极具襄阳地域特色的码头等构筑物慢慢淡出人们的视野，没有得到有效的保护和利用。中华人民共和国成立初期有近30个码头，如今不足10个，现存的码头也因沿江景观改造而变得不伦不类，仅剩缓缓伸入汉江的石条阶梯依稀可见当年码头的风貌。保留的陈老巷历史街区周边遍布高层住宅建设项目，体量缺乏层次，难以形成丰富的城市肌理。另外，新开发的地块相对琐碎，造成建筑风格凌乱，城市形象整体感较差，一定程度上削弱了樊城区的历史格局。存留的一些地面文物古迹被忽视、遗忘、侵占甚至破坏的现象较严重，石碑、石刻多残缺不全；曾遍布樊城的各省份历史会馆，保留至今的仅有5处，而且没有得到有效的保护，自然损毁严重，或是被个人或企业非法占用，造成不可修复的破坏。这些就导致了襄阳文物古迹听起来似乎很多，而实际看起来较少，以致可视性较弱的尴尬局面。

第一，旅游业发展和城市经济建设活动既破坏了生态环境，也影响了襄阳的自然山水和风景名胜。例如，在汉江水道游荡摆动而形成的冲积岛鱼梁洲上进行开发和建设，不仅破坏了岛上的湿地生态环境，也破坏了岛上自然优美的景观。随着近年来旅游业的兴起，各风景区进行一些旅游设施的配套开发，但有些不恰当的短期利益开发导致景区内山体和水体生态环境遭到严重破坏。第二，历史环境风貌遭到破坏。由于缺乏一定的文物知识，一些开发者在风景区内刻意地制造假文物来追求幽古的意境，反而适得其反。例如，20世纪80年代对水镜庄的维修和扩建中，增设了一些假文物，改变了其历史原貌。

4.3 城市记忆的消失

4.3.1 城市意象与景观记忆

城市意象是环境心理学研究中的一个重要成果。1960年，美国的凯文·林奇将环境心理学应用到城市规划领域。他认为，城市意象是由于周围环境对居民的影响而使居民产生的对周围环境直接或间接的经验认识空间，是人的大脑通过想象可以回忆出来的城市印象，也是居民头脑中的"主观环境"空间①。他将城市意象的各元素归纳为道路、边界、区域、节点和标志物等5个要素，而景观记忆的形成也同样离不开这5个要素。景观记忆作为一种特殊的记忆，是指发生在历史时期，人们在物质文化景观中的经历，为个体或群体所主动、有选择地建构起来的记忆，抑或是凝固在景观中的各种价值与意义的表达②。景观记忆基于城市的历史、文化和环境生态演变而来，由历史片段以时间为线索、空间为联系拼贴而成，再以记忆的形式展现，定格为特定的景象而客观存在着。文化景

---

①凯文·林奇．城市意象[M]．方益萍，何小军，译．北京：华夏出版社，2001．

②孟令敏．城镇历史街区居民景观记忆及其效应[D]．西安：陕西师范大学，2018．

观既是存在于城市空间当中承载文化信息的物质客体与现实，又是依托于这种物质之上、为城市集体所共享的文化符号。当人们通过地标建筑、历史遗产等文化景观记住城市之时，记忆就成为人、场所和城市之间的一种联系，成为三者交流的共同“语言”①。

每每提及古隆中、昭明台、夫人城、襄阳古城等文化景观遗址，人们能瞬间定位到襄阳，兴致盎然地聊三国文化、品三国之精髓，但除了这些文化景观遗存，似乎再难找到能给人以深刻记忆，凸显地方性特色，蕴含丰富历史信息和文化内涵的襄阳文化景观。城市文化景观的同质化发展使襄阳城市文化景观也陷入了地方自然性缺失、地域人文特色丧失、景观记忆断裂、追求新奇博眼球的怪圈。同时，大规模旧城改造和新城建设也导致襄阳城市文化景观遗产日趋减少，甚至濒临消失。“看得见山，望得见水，记得住乡愁”，我们可以从文化景观中看到什么？又该如何记住？

4.3.2 襄阳城市文化景观感知的弱化

感知即感觉与知觉。心理学上认为感觉是某种感受或感受系统受到刺激时所产生的初级体验与觉知，是感受系统对事物个别属性的反映。② 我们每时每刻都在通过或听或看或闻，或是用心灵感受的方式，去触摸、感知着生活的城市。我们通过各种感官去解读我们周围的世界，所有的感觉在城市中都有释放的空间。其中，城市文化景观强有力地以明显抑或潜意识的方式影响着我们的感官，在我们的记忆中留下痕迹。这些痕迹是城市的历史、文化和环境生态变迁在特定的景观空间中的表达，是人们在城市自然与人文共同作用下形成的生理感知和心理感知的高度统一，是人们对城市从感知转向认同的过程。在这一过程中，人们将景观空间形态与自身的认知过程紧密地联系起来，主动地、源自内心地去感受城市文化景观的形态和品质，探寻文化特质，从而在精神上产生共鸣，形成一种非空间的价值观念。

城市地方特色运用与表达是一种直接的感知形式，它能使人发现此地与其他地方的差异，能唤起人们对一个地方的记忆。像苏州的老窗，原本是江南古典园林建筑中的一朵奇葩，后来被巧妙运用在城市的各个角落，甚至包括城市立交

①刘珂秀，刘滨谊．“景观记忆”在城市文化景观设计中的应用[J]．中国园林，2020，36(10)：35－39．

②黄希庭．简明心理学辞典[M]．合肥：安徽人民出版社，2004．

的隔离屏风。在苏州的任何街区都可轻易看见各种老窗,除最著名的漏窗外,还有长窗、地坪窗、横风窗、和合窗、砖花窗等,结构上也形式多样,全木结构、砖墙结构、玻璃结构、明瓦结构等,每一扇老窗都映衬着一幅幅立体的风景画,引人入胜、美不胜收(如图4－6所示)。这些花样繁多的老窗所形成的组合图案,形成视觉冲击,向公众传达了美感和诗意,即使面对不同的群体,仍能获得高度的差异认同,彰显人文意蕴。又如陶都宜兴,从街道、路灯、建筑外墙,到公用垃圾箱等随处可见的陶瓷街景,向路人传达着宜兴积蓄百年的陶瓷文化。但提及襄阳这座历史文化名城,我们能联想到三国文化、古隆中、诸葛亮、郭靖与黄蓉等,却很难在城市设计中找到一个物化的、具象的景观元素或符号能有效地表达地方特色、展现深厚的文化底蕴,难以找到自己与场所间的特殊感受与关系,从而获得情感认同。

图4－6　苏州的老窗系列景观组图

4.3.3 襄阳城市文化景观可意象性的削弱

"可意象性"是凯文·林奇在《城市意象》一书中所提出的概念，即有形物体中所蕴含的、对于任何观察者都很有可能唤起强烈意象的特性。在这一特殊意义上，一个高度可意象的城市应该看起来适宜、独特而不寻常，应该能够吸引视觉和听觉的注意和参与①。这种可意象性作用在城市文化景观中可通过景观的造型、色彩、空间、结构而被人们认识、解读、理解和记忆；通过对景观空间尺度、序列、节点、标志物等景观环境的体验和信息的接受而被人们的感官系统所感知；通过景观塑造中对城市的历史人文、地域特色的传承和发展，连接过去与现在，以景观环境的整体氛围拉近时间的距离，传达文化的意蕴，唤起人们的集体记忆，建立观者的差异认同，营造可读、可感的景观环境，从而激发良好的景观意象，使城市文化景观不只是被看见，更能被人们清晰强烈地感知。

襄城区昭明台是襄阳的标志性建筑，位于襄阳古城中心，其台基券洞横跨北街入口处，与临汉门、南城门共同构成了襄阳古城一个连贯的景观视廊，起到了良好的视觉指引作用。但如今昭明台被鼓楼商场东、西大楼遮挡，既切断了视廊的连贯性，也使昭明台从南街看去难见全貌，降低了空间的可读性（如图4－7所示）。具有襄阳传统风貌的荆州北街（古治街），经过整治规划后，虽然保持了荆州北街原有走向、街道尺度和建筑特色，但建筑体量的变化，街区植物景观、休憩设施的缺失，不仅破坏了原有街道建筑鳞次栉比的环境意象，也导致视觉感受不够丰富，空间体验不够多样，景观设计缺少亲切感，不能满足游客多感官的体验需求（如图4－8所示）。陈老巷历史文化街区作为襄阳樊城旧城区保存完好的街巷，在城市发展的过程中，虽然已最大可能地保留了历史街巷的原真性，但忽视了文化景观的微更新，街区中的建筑、空间环境常年失修，新、老建筑形态各异，导致街区整体空间环境脏乱不堪，历史建筑失去了原有的光彩，街区环境肌理被破坏，景观的可意象性降低。

①凯文·林奇．城市意象［M］．方益萍，何小军，译．北京：华夏出版社，2001．

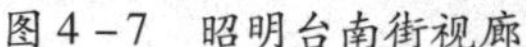
图4－7　昭明台南街视廊

图4－8　荆州北街(古治街)

4.4 从景观特色的失落到城市精神文化的失落

城市精神是城市文化的精髓,是一座城市的灵魂,它是个人与群体、群体与城市,以及历史与展望的多元互动所打造出来的,不仅是该城市普世文化和主流意识的高度提炼,也是市民认同的精神价值与共同追求。① 城市景观作为一种可以将纯粹的物理空间转化为具有人文价值的精神空间的视觉样态,既是城市精神和品格的视觉表征,也是城市历史文化价值的形象阐释、公众集体记忆和生活理想的物态化表达。如超高层建筑林立的陆家嘴与曲径通幽的弄堂小巷,耸入云端的金茂大厦与古老斑驳的石库门,中西兼容、古今并蓄的外滩建筑,一同诠释着上海开放、创新与包容的品格(如图4－9所示);星罗棋布的茶馆弥漫着淡雅的茶香,禅韵静谧的大慈寺述说着香火的虔诚,三圣花乡的“五朵金花”谱写着自然的恬静,构成了成都的从容与闲适(如图4－10所示);盘龙古城的沧桑,武大樱花的灿若烟霞,黄鹤楼气势恢宏,风雨不变的百年古街昙华林,一掬长江水的绵绵恩情,都流露出武汉的敢为人先、追求卓越的城市精神(如图4－11所示);巴黎的浪漫与时尚、古老与艺术,在平易近人的巴黎老城、宏伟辉煌的卢

①张羽.以展现城市精神内涵的道路文化景观设计——以龙泉驿车城大道景观规划为例[J].安徽建筑,2020,27(11):3－4,65.

浮宫、壮丽雄伟的凯旋门、繁华而不凡俗的香榭丽舍大街、阅尽人间沧桑的巴黎圣母院、美如玉带般的塞纳河畔展现得淋漓尽致（如图 4－12 所示）。可见，城市文化景观是展现城市精神风貌的重要载体，不仅可以反映出城市居民的生活态度，同时也是外界了解并感知城市的重要途径。

图 4－9　上海城市景观组图

图 4－10　成都城市景观组图

图4－11　武汉城市景观组图

图4－12　巴黎城市景观组图

4.4.1 从景观空间失落到市民的失落

我国城市化急速发展，城市景观规划目标宏伟，多元文化交融的大背景，导致襄阳市城市景观也无例外地急速地走向趋同，陷入城市"文化失落"的危机之中。城市景观空间的形成，是人们对社会文化感知的结果，是人们对自身需求的综合考虑。丰富多元的景观空间不仅可以提升城市的知名度，为城市带来更好的社会经济效应，也能更好地作用于全体市民心理文化素质的孕育，使其形成根深蒂固的地域文化心态和人文特征的认同。美国著名建筑师、建筑理论家伊利尔·沙里宁说过："让我看看你的城市，我就知道你的市民在追求什么。"①城市景观的实践建立在人们对城市景观的感知和对城市的认知的基础上。但在具体实践中，单纯地追求视觉冲击，流于城市客体形象的"面子工程"和"拿来主义"的急于求成的思想，使城市景观被机械地复制，空间单调乏味，对物质空间的关注远胜于对行为主体需求的关注，忽视了城市的行为主体——市民的需求和感受，导致城市景观与实际需求的对立，空间的失落造成了人们日常生活与公共空间的疏离。

市民对城市特色丧失的感知，主要源于对所生活的城市景观空间变化的感受。自20世纪90年代末期起，襄阳市委、市政府以汉江大道改造为龙头，集中建设17项旧城改造重点工程，开启了襄阳市旧城改造、城市住宅产业的发展之路。襄阳市大规模的旧城改造，拆掉的不仅是老建筑、四通八达的小巷子、城市肌理，而且是与市民生活息息相关，市民感受最深的"烟火气"：瓷器街上的古砖、旧瓷、老屋像饱经风霜、阅历丰富的年迈老者，向今人"讲述"老街的往事；劳动街上的饭店、理发店、书店、药店、照相馆、裁缝铺等各种店面那厚厚的红色木板门，川流如梭的人群也只能停留在记忆中；古井巷中的那口千年古井和古井台旁贯通四周的小巷见证着人们一边玩笑闲聊一边忙碌地准备着一日三餐的日常生活。通过借鉴西方的小区规划设计思想，在初始建设时期多选取襄阳古城边缘或外围的控制土地，如上海公馆小区、滨江苑小区、王府公馆、金茂书香苑小区等，还有部分住宅区建筑后续则与旧城改造相结合，如天元四季城、华凯·襄阳天下、汉江明珠城等。密密麻麻的水泥丛林、雨后春笋般遍地开花的城市住宅，逐步分离了城市景观的空间格局和功能，也阻断了喧嚣热闹的市井生活，破坏了城市的乡愁与记忆之根。

林立的高楼，大气磅礴；宽敞的马路，纵横交错；气派的广场，华灯璀璨；高端的住宅，整齐划一，却没有提升市民对家园的认知感，反而让市民发现自己心目

---

①伊利尔·沙里宁.城市：它的发展、衰败与未来[M].顾启源，译.北京：中国建筑工业出版社，1986.

中的襄阳印象越来越模糊，襄阳市在高速发展的过程中失去了“自我”。

4.4.2 从景观表现失落到游客的失落

城市景观是城市中城市空间与视觉事物、视觉事件具有组织关系的综合性系统工程，景观的形象、意境、风格、内涵的有效表达，是建立人与城市之间良好关系的重要纽带。虽然不同地区、不同职业、不同年龄、不同教育水平，以及不同文化背景的人，对城市景观表达的理解与感知存在差异。但总的来说，优秀的城市景观能够超脱物质美的限制，表达人类深刻的感情，从而激发人的精神认同，在游客心中留下浓墨重彩的一笔。但襄阳市快速的城市建设使市民情感失落的同时，文化景观的发展变化也同样带给游客深深的失落感。

随着城市空间规模的不断拓展和城市建成区范围的扩展，襄阳市空间格局早已突破了原有狭小的古城空间框架，老城区的更新改造推平了老樊城的传统肌理，狭窄的小巷被宽阔的马路取代，精致的住宅替代了上宅下店的传统民居，商贸繁荣的中山前街如今高楼大厦临江而立，这座城市逐渐失去了历史文化的传统特色风貌，城市景观特色逐渐淡化，城市自我形象逐渐消失。

襄阳“凭山之峻，据江之险，外揽山水之秀，内得人文之胜，汲取山水之精华，城池巧顺自然”①，巧妙依托自然山水格局形成的“山－水－城”空间特色为中国山水城市建设的典型样本。可谓“江流天地外，山色有无中。郡邑浮前浦，波澜动远空”。碧波万顷的汉江、苍翠连绵的群山缓缓述说着这座城市的厚重与活力。隐匿于山水中的古隆中、多宝塔、昭明台、襄城城墙、护城河，以及拱宸怀古、临汉夕阳、昭明晚钟、仲宣唱晚、多宝秋颂、隆中踏雪等“襄阳十景”成为游客们熟知的特色景观资源。但由于城市建设对“山－水－城”整体空间特色的保护仅局限于历史城区，导致襄、樊二城在城市空间与周边自然形成浑然一体的关系，双城一体化的发展和历史文化遗产资源的协调、保护、复兴上仍有一定程度的断裂，抽离了原本的山水与双城共生化意境。在城市建设中，相关人员忽视汉江两岸的滨水地段对城市空间特色表达的重要作用，导致优秀的景观资源逐渐被房地产项目侵蚀，滨江空间形态发生巨大变化，“汉水接天回”的景观胜景难以再现。襄阳古城区内的建筑高度超过城墙高度，导致城墙轮廓模糊，湮没在众多现代建筑的轮廓线中。

“华夏第一城池”“南船北马、七省通衢”“铁打的襄阳”等这些美誉是襄阳这

①(清)陈锷.襄阳府志[M].武汉:湖北人民出版社,2009.

座历史古城的荣耀，代表了游客心中襄阳具有特色的景致和风貌。那些刻在斑驳的城墙墙砖上、洒在清澈碧绿的汉水中、回荡在童年情怀的小街陋巷里的厚重历史，却在襄阳的现代化发展中与游客渐行渐远。

4.4.3 从景观识别失落到城市精神文化的失落

以人为中心的城市空间环境景观是城市精神本质的外在化表征。城市的居民以及慕名而来的游客对于城市景观的失落感也直接反映出城市精神与城市文化的失落。① 城市精神文化是城市市民共有的理念信仰、共同的价值观、相似的审美追求、一致的行为准则和相仿的生活方式。它根植于城市的自然地域、生态环境、历史文化资源之中，具有鲜明的地域特色烙印，是城市文化的核心和城市品牌的核心。襄阳是拥有悠久历史和灿烂文化的历史名城，拥有楚文化、汉文化、三国文化等深厚的历史积淀。人们生活、工作、游览在襄阳城中，用脚步丈量着这座城市的文明，用眼睛记录着这座城市的历史，用心灵感受着这座城市的独特气息，身临其境地体验着这座城市"借得一江春水，赢得十里风光，外揽山水之秀，内得人文之胜"②的自然景观与人文风光。作为历史文化名城，襄阳自然景观钟灵毓秀，人文景观聚集山水精华，孕育了神秘与浪漫、务实与激情、深沉与悲壮、淡泊与豪迈的山水城市精神。

西方著名学者斯宾格勒认为："城市精神从本质上来说，就是城市的文化精神，亦即城市的传统。"因此，我们可以认为城市精神的迷失就是城市文化传统的迷失。人们在城市规划建设和实践过程中对于城市文化价值与资源潜在价值的认识、发掘不足，盲目地推陈出新、标新立异、急功近利，追求城市空间的高利用率，低估了人们对文化价值的需求，造成生态环境的破坏、土地空间资源的浪费以及传统文化价值的失落，导致城市形象的模糊化、模式化。

---

①阳作军．趋同与重塑：杭州城市景观的历史演变与规划引领策略[M]．北京：中国建筑工业出版社，2014.

②2002 年襄阳被评选为"国家园林城市"时的证词。

第 5 章

文化景观的意象营构与价值重塑

5.1 襄阳城市文化景观意象营构策略

5.1.1 延续与弘扬“山-水-城”景观格局意象空间

城市独一无二的特色主要由两方面呈现:一是自然地理环境特色,这是构成物质空间特色的本底;二是历史人文环境特色,这是构成物质空间所散发的内在文化气质,两者缺一不可。因此,抓住城市基质,延续城市特色是避免城市趋同的首要目标。①

5.1.1.1 以山为骨、以水为魂、以城为卷,重塑襄阳多层次文化景观空间特色

由襄阳景观骨架可知,襄阳城市文化景观与山水之间具有密不可分的关系,其可以依托天然丰富的水系和与生俱来的丘陵地形优势,在平面景观上打造“点”“线”“面”“网”的景观层次(如图5-1所示),从立体景观上营造水面、岸线、临水建筑近景轮廓线、后退建筑背景轮廓线、远山景象天际轮廓线和天空等6个层次的景观格局(如图5-2所示),从而形成有序的多层次文化景观系统,达到对襄阳城市文化景观的特色保护和地域性营建的目的。

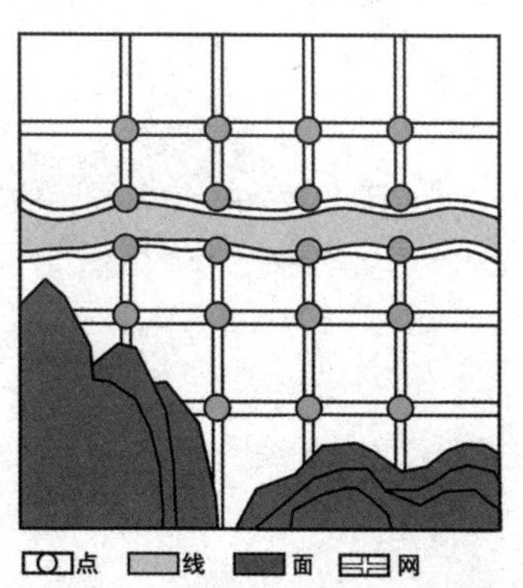

图5-1　平面景观结构示意图

①阳作军. 趋同与重塑:杭州城市景观的历史演变与规划引领策略[M]. 北京:中国建筑工业出版社,2014.

襄城区的昭明台、夫人城、仲宣楼、闻喜亭、岘首亭、城南文化中心等城市景观是“点”，组成了襄城古城的景观轴线，并与樊城区的米公祠、樊城片区文化中心、邓城遗址景观节点组成对景点，形成跨江的历史景观轴线，较完整地展现了襄城古城空间格局以及古代襄阳城市发展轴线。但樊城区的古城肌理与发展脉络在此景观轴线中没有得到较好的展现。在设计上可以樊城陈老巷历史文化街区保护更新为契机，保留西北－东南走向的主体街巷格局，在主街巷两旁打通并增加东北－西南走向的巷道，联通山陕会馆、小江西会馆等城市历史建筑景观节点，组团规划成陈老巷历史文化街区。与隔江相望的庞公片区滨江路的景观带、鱼梁洲生态旅游区形成了“两岸一洲”的半岛区域，可将此区域汉江两岸用地划分为同一组团，联合整体设计，把汉江景观“线”从景观组团的边界线转变为整合城市空间的积极、主导因素，充分考虑汉江两岸文化景观的关联因子，避免单侧岸用地相对“封闭”的建设开发所造成的两岸景观形态不协调，达到景观形态上的协调统一。在立体景观营造上，可按照“疏、露、透”的原则进行建设，控制沿江建筑高度向汉江水面方向逐渐跌落，对于樊城区沿江区域已经建成的高层建筑，可降低沿江大道的道路等级，将双向四车道压缩为双向两车道，从而拓宽沿江景观空间（如图5－3所示），并规划体量较大的景观雕塑、景观乔木，修缮或重塑汉江流域的港口码头空间，丰富中景空间层次，削弱临江高层建筑的突兀感。最终确保整个沿江立面从前景、中景、远景层次上充分体现水景、城景、山景“三位一体”的“山－水－城”格局。

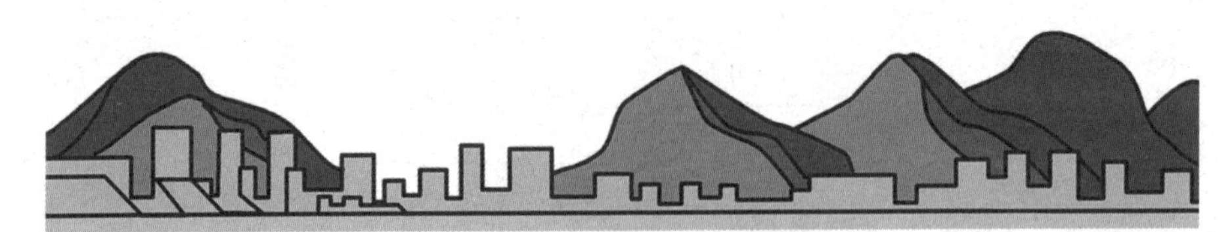

图5－2　立体景观结构示意图

图5－3　樊城沿江景观空间现状场景组图

5.1.1.2 突出山水城市风貌特色，优化重组景观视廊

景观视廊即景观的视线走廊，以视点（城市中的开阔场地、制高点等）和视景（包括城市地标及各类自然、文化、历史资源等）为端点，由人的生理视野范围划定的“视线廊道”在空间上的投射所形成的视线通道。景观视廊能使人与自然的或人文的景观保持良好的视觉联系，是城市空间营造中不容忽视的部分。襄阳城市文化景观视廊的组织与优化可从两方面着手。

第一，优先复兴以汉江水体、汉江两岸景观带为依托的通视型城市景观视廊，碧波荡漾的汉江水体穿城而过，所形成的天然景观轴为通视型城市景观视廊内视线绝大部分通畅提供了保证，也为隔江相望的襄阳古城和樊城旧城之间景观视廊的优化提供了基础。从《襄阳历史文化名城保护规划（2018—2035 年）》（如图 5 -4 所示）历史城区保护规划总图中可以看出，襄阳目前规划的景观视廊以汉江为边界线，襄城的小北门码头↔小北门↔昭明台↔襄阳谯楼↔清真寺，夫人城↔昭明台↔襄阳王府绿影壁↔仲宣楼，襄阳谯楼↔襄阳王府绿影壁，西城门↔东城门，民族路口↔昭明台等 5 条景观视廊，和樊城的鹿角门↔回龙寺码头，山陕会馆↔瓷器街，定中街↔交通路↔官码头等 3 条景观视廊，都是以城市片区景观组团为切入角度的景观视廊组织形式，忽略了汉江这一重要景观资源，将汉江剥离出景观视廊范围。“一江双城”景观视廊优化可充分调动汉江水景资源的能动性，整合城市文化景观视廊，如拓宽千福码头的景观空间，增设休憩活动区、亲水平台及观景平台等景观设施，并以此为景观节点，联通柜子城遗址↔米公祠↔千福码头↔小北门码头↔小北门↔昭明台↔襄阳谯楼↔清真寺这一城市文化景观视廊。以樊城的官码头、陈老巷历史文化街区，襄城的长门码头、闸门码头为视景，加强汉江两岸景观带的整体规划建设，控制樊城沿江地段高层建筑开发，构建视线廊道，形成汉江良好的横向景观视廊。

第二，针对襄阳历史文化景观节点“碎片化”较严重的现状，加强引导型城市景观视廊的建设，侧重引导人们到观景点或通视型视廊去体验景观视觉盛宴。可以与城市绿地系统、游线规划等相结合，通过在襄阳城市中创建各种不同类型的“吸引点”和“过渡节点”的方式构建引导性景观视廊。比如襄城可以雄伟巍峨的古城墙、有“华夏第一城池”美誉的护城河作为“吸引点”，以坐落于不同方向的古城城门为“过渡节点”构建环城文化景观视廊，使游客通过游览这些历史

景观节点，领略襄阳古城文化之美；樊城则可将陈老巷历史文化街区作为景观“吸引点”，引导人们前往体味汉江景色宜人的横向景观视廊。

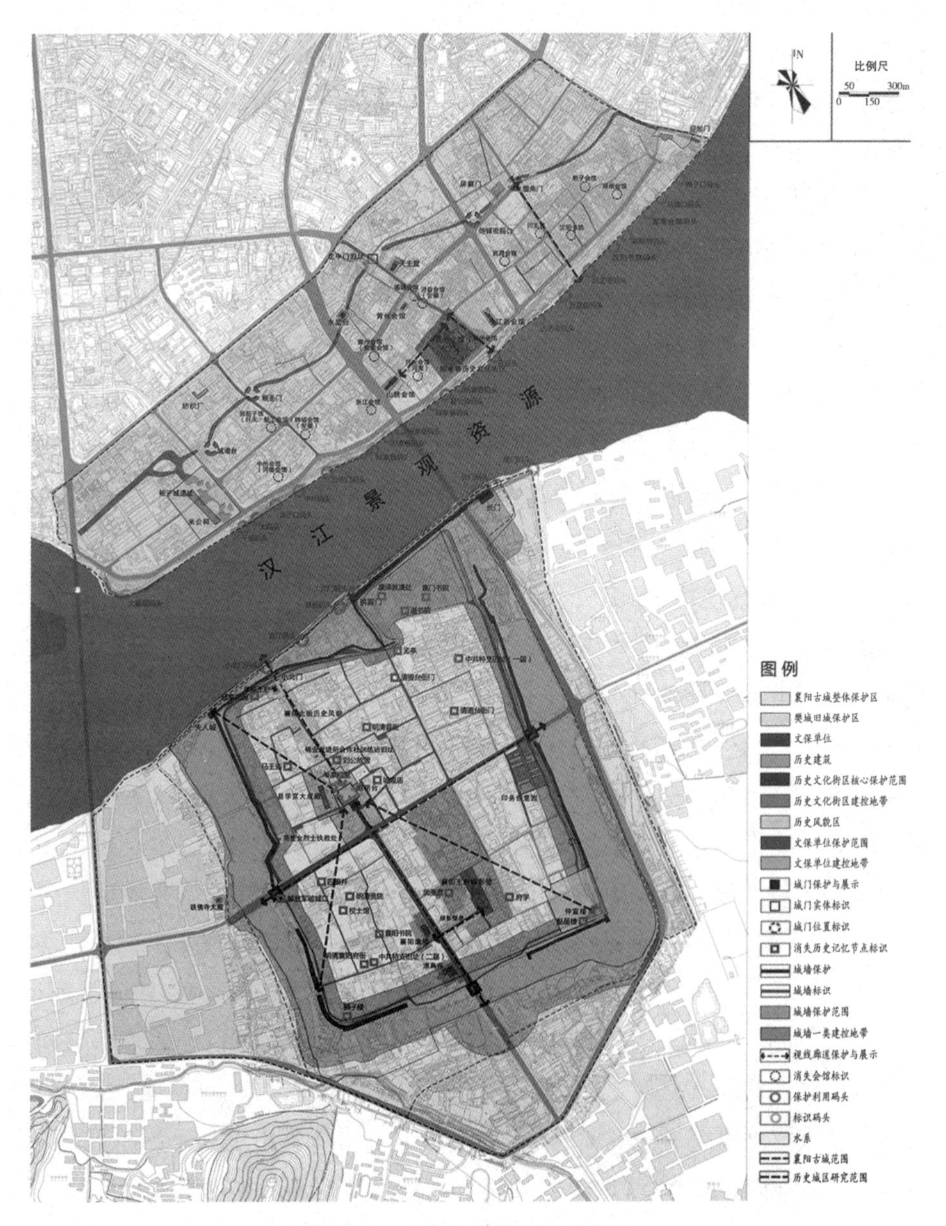

图 5－4　历史城区保护规划总图

5.1.1.3 有机统一的文化底蕴与景观表达，构建动态开放的文化景观系统

一切事物都处于不断的变化活动中，城市也一样，是一个不断发展变化的有机体。作为城市重要部分的景观系统也随着时代的变化而不断推陈出新，是一个动态开放的系统。由于城市景观系统是一个与人关联密切的系统，所以它的动态性可以从两个层面来理解：一是城市景观系统本身随时间变迁而不断优化完善的过程；二是一个城市景观或者城市景观体系形成之后，人们对其审美判断从认识到认知等复杂心理的变化过程。① 因此，在保护襄阳城市文化景观特色时，既要考虑文化景观的纵向的时间维度，又要尊重人们对城市文化景观的情感认同（如图5－5所示）。将城市文化景观特色并入城市的整体环境发展的范畴，有机地联系襄阳城市的历史、现状与未来，并根据襄阳城市的发展变化，积极主动地调整相应的保护规划，使新、旧元素相互融合，可为襄阳文化景观注入新活力，提供发展的可能性和自由度。

图5－5　樊城老城区街巷生活场景组图

在具体实施过程中，可针对不同的城市文化景观采取不同的保护策略。襄城古城采用“整体保护”的策略，通过制定各级保护区保护方案，加强对襄阳古城墙、护城河体系，以及历史风貌区、街巷格局、传统轴线、文物古迹、历史建筑的保护；结合古城保护与发展的需要，分析并制定古城内外高度控制、视线通廊等

①宁玲．城市景观系统优化原理研究［D］．武汉：华中科技大学，2011.

控制要求;结合历史城区关键保护区段提出建筑的“保护、修缮、维修、改善、整修、整治”等更新策略,延续古城传统肌理。樊城旧城采用“碎片整合”策略。针对樊城旧城历史文化资源破坏严重、联系割裂等现实问题,重点依托樊城城墙、陈老巷历史街巷等文化线路的展示与利用,整合区域内各类历史码头、会馆、街巷等人文资源碎片。重点突出米公祠、陈老巷片区的历史文化核心地位,切实做好遗产整体环境保护。以“新旧共生”的理念,对樊城旧城内的重要近现代遗产进行保护与再利用。历史文化街区和历史风貌区则采用“适应性更新”的保护原则。对东津十字街、陈老巷街区和太平店老街等历史文化街区进行空间加减法,在保留其肌理特征与传统空间、交通组织方式的基础上,以结构的清晰、完整为前提,进行街区建筑质量分析,依据分析结果适当地拆除和补建,再进一步将相关业态与挖掘、提炼的非物质遗产元素植入改造后的空间中,赋予其职能与生命力,从而实现街区风貌、功能与空间的“三位一体”。最终实现改善基础设施和人居环境、提升街区功能、保持街区活力的目标。

各级文物保护单位的保护采用“整体融入”的开放性理念。以国家重点文物保护单位襄阳王府绿影壁为例(如图5-6、图5-7所示),可对区域内风貌与主景建筑不协调的现代建筑进行立面与整体环境整治,打通东北方向的巷道,形成围绕绿影壁的环线路网。在此基础上,以新古典主义风格的园林设计理念为引导,重新布置开敞空间,起到现代城市街巷景观到历史文化景观的缓冲作用,使建筑与环境更加融合,同时为游客留出足够的观景空间。

图5-6 襄阳王府绿影壁周边环境现状与规划意象图(1)

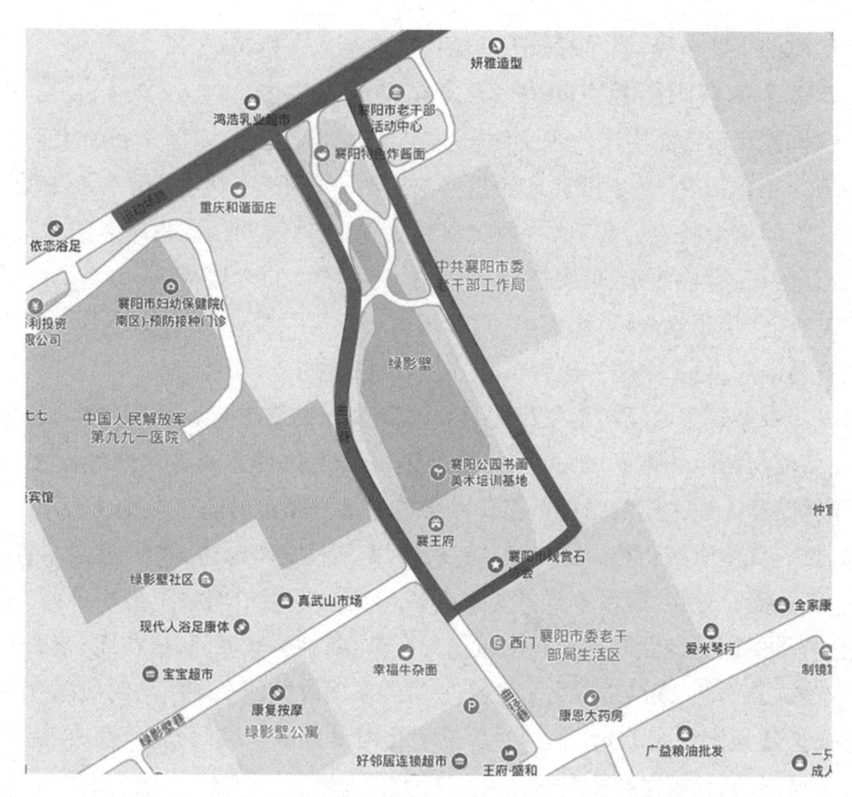

图5-7　襄阳王府绿影壁周边环境现状与规划意象图(2)

5.1.2 演绎现代功能与人文精神有机统一的街道意象空间

自出现城市文明以来,街道就成为人们生活的一部分,它随着城市的形成而产生。作为城市道路类型之一,街道既承担着交通运输、交通联络的功能,又担负着一定的社会功能。简·雅各布斯对于街道的如下描述有助于我们更加形象地理解街道:“一个都市街道的依赖是经由许许多多人行道上的交往接触所培养的,一市民常逗留在酒吧间喝杯啤酒;由杂货店那里打听点消息,或讲点消息给新来者,在面包店与其他顾客聊天,与路旁喝汽水的孩童打招呼。”①因此,街道对于人类来说不仅是城市的骨架,更是一个多功能活动集合的带形城市生活空间,是一个交往的场所,是城市生活最重要的聚集点,也是人们感受城市风貌、

①简·雅各布斯.美国大城市的死与生[M].南京:译林出版社,2006.

城市气质的重要途径,演绎着城市的现代功能与人文精神。

5.1.2.1 襄阳街巷空间——人文精神的发生器

中国古代城市受中国传统文化影响,人们在“天人合一”理念和山水思想的影响下,“山水形胜”是城市选址的重要决定因素,创造了大量“山-水-城”营建模式下的传统城市。襄阳城“西枕秦岭余脉,东临大别山,北连南阳盆地,南接江汉平原”,背山面水、负阴抱阳,构成了山水城市的自然基础,孕育了诗意的山水精神。“山得水而活、水得山而壮、城得水而灵”,襄阳城不仅是山水文化传统的智慧结晶,更是中国古代哲学观、美学价值观的全方面体现。

襄阳城始建于西汉初年(汉高祖六年,即公元前 201 年),南据荆山,北临汉江,由河流与山脉环抱而成,近乎完美地遵循了古代理想的城市选址山水环境观,蕴含归宿天地大道的精神祈愿。襄阳古城市空间布局遵守规整、严谨的建城理念,按古代治所城市格局进行布局,街市以方形城郭为主,呈棋盘式布置,以“井”字形布置街巷,在原本自然灵动的城市山水环境中增添了结构严谨、主次分明、有条不紊的理性气质。襄阳城划分有东、南、西、北城门,但在北、东面各设置两个城门,而西、南两面仅各设一个城门。东面设置两个城门与明代汉江南岸北移而扩建襄阳城东北角城池有关,至于北面设置两个城门,而西面、南面仅各设一个城门,则与聚气积阳的风水意识有关,反映了道家崇尚自然和谐的宇宙观与堪舆风水理念。而“城北以汉水为濠,以天然汉江为池”,体现了顺应大自然的和谐理念,体现了“道法自然”的古朴哲学。樊城街巷顺应汉江走向,呈现平面不规整的形式,街巷在无规则状态下形成了“自由式”街区。其主街道呈东北-西南走向,平行并列布置,小巷呈西北-东南走向连接主街道,华灯璀璨、车水马龙的街巷纵横交错,编织着樊城独特的城市空间肌理。

夹江而立的两座古城,城市的格局与街巷肌理千差万别,又各具特色,“南城北市”的街巷肌理展现着襄阳的市井百态,蕴含着襄阳的文化底蕴,抒发着襄阳的人文情结,诠释着襄阳的精神传统。

5.1.2.2 重构历史碎片——让街巷再现时代人文精神

1. 守护城市记忆——历史文化街巷空间的保护与活化

(1)“筑绿引蓝”,重构自然景观环境。

①重筑街区绿地系统,激发街区自然活力。植物是街道中唯一有生命的构成元素,有助于提升街道品质。根据樊城陈老巷历史文化街区现状,可以采取“针灸式”绿化环境改造策略和立体绿化策略,重塑绿地系统,提高社区绿化率,

为居民提供与自然亲密接触的休憩、活动空间，激发人们积极交流的欲望，从而提升街区活力。

②“拆旧增绿”，营造共享绿地空间。拆除街区中建筑质量一般、与历史街区的整体风貌不协调的砖混建筑，利用拆除后的空间营造沿街型街旁绿地景观空间（如图5－8所示），灵活运用乔木、藤本植物等自然生态植被，使其顶部轮廓与建筑轮廓叠合，营造街巷顶界面流畅的天际轮廓线。同时，考虑相邻建筑的风格、年代、特征等要素，场地中应多采用以木质、砖、瓦等材料建造的景观设施，以及自然形态的植被，使景观与沿街的建筑和谐共生。在有较大空间的街角可以营造街角型街旁绿地（如图5－9所示），开放的绿地空间能更多地吸引人流量，为街区带来较高的人气。另外，针对历史民居、会馆、戏楼等文物保护建筑，则可拆除周围私搭乱建的违章建筑，在建设控制地带和拓展区域范围内，增加与历史遗址风貌相协调的绿地建设，提高街区绿化率。

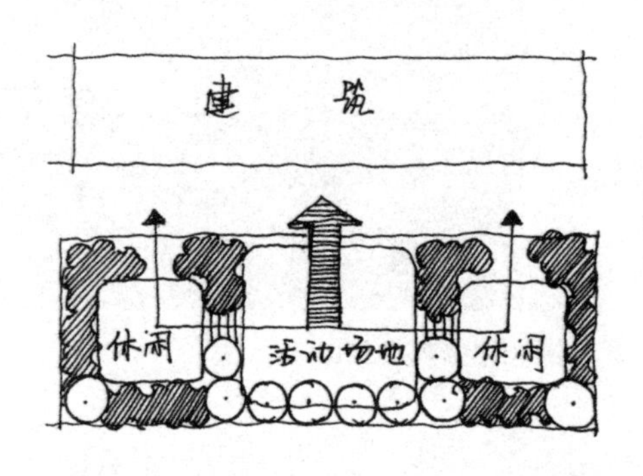

图5－8　沿街型街旁绿地（手绘示意图）

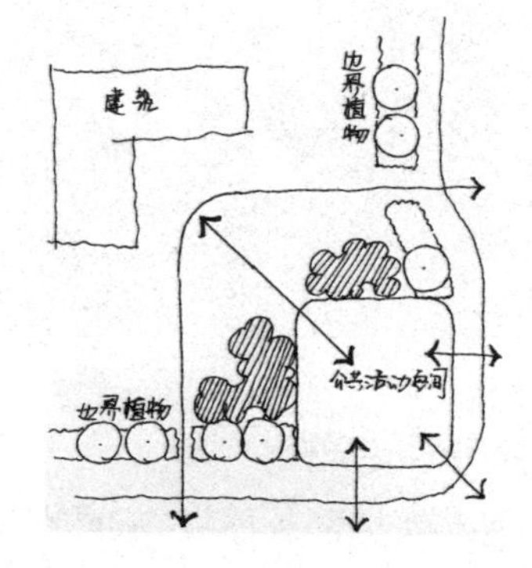

图5－9　街角型街旁绿地（手绘示意图）

③在街巷空间“增绿补点”，打造“微绿道”。利用历史街巷天然的线性空间，串联点状、块状绿地，构成具有连续性、流动性、节奏秩序的线性绿地空间。历史街巷虽然没有为道路绿化预留空间，但可灵活利用盆景、小型花槽、花钵、可移动花坛、立体花坛等，在沿街建筑之间的空隙处、建筑临街垂直界面、街道的转折阴角处进行植物景观营造。通过种植麦冬、葱兰、酢浆草、沿阶草等低矮、生长快、繁殖力强的地被植物；月季、矢车菊、美女樱、太阳花等花期较长的花卉植物；竹、栀子花、十大功劳、黄杨等移植容易、生长速度适中的植篱植物，形成植篱、草本、花卉的复合式植物栽植形式，在街巷两旁营造“绿色走廊”，成为自然景观及

建筑景观之间的“软”连接，使景观具有连续性和自然性，以丰富历史街区的游憩空间。

④构建立体绿化（如图5－10所示）。针对襄阳现存历史文化街区公共空间较少的现状，可采用屋顶绿化、阳台绿化、垂直绿化等立体绿化方式，优化公共空间。选用爬山虎、地锦、凌霄等具有吸盘或气根的藤本植物，沿非历史建筑物临街界面进行攀缘式绿化或在建筑内设置贯穿上下楼层的垂直绿化。还可利用花架、花篮、花钟、花柱、简单的棚架种植藤本植物，在建筑物外壁、阳台、窗台、景观灯等处布置挂式盆栽、花卉盆栽、悬挂的花钵等，丰富街道绿化层次，增加街区绿化覆盖率，改善空间视觉美感。另外，在解决建筑内部小空间景观绿化问题的同时，也应兼顾内外部空间连接、过渡的作用，净化室内空气，充分改善历史街区的环境。

图5－10　立体绿化景观组图

⑤滨水空间组团发展，再现汉江人流云集的场面。汉江素有“东方莱茵河”之称，是襄阳自然山水体系不可或缺的重要元素，也是汉水文化和汉水风光最出彩的部分。可从城市山水空间的整体出发，统筹考虑自然元素、文化元素以及人类活动之间的关系，系统地进行规划修补，激活滨水空间与历史文化街区之间的联系。

⑥传统滨水公共空间形态的回归。樊城区原沿江而生的中山前街拓宽成沿江大道，双向四车道的道路解决了城区交通拥挤的问题，但大大压缩了沿江景观带的空间，导致沿江景观空间活力不足。因此，可考虑降低沿江大道道路等级，将双向四车道压缩为双向两车道，并采用单向二分路代替交通性强大的沿江大道，在确保满足交通需求的同时，拓宽沿江景观空间。在原有的混凝土堤岸的基础上，增加观赏性的近水、亲水平台，修缮或重塑沿江港口码头空间，置入雕塑、

乔木等景观,丰富中景空间层次,再现汉江滨水空间自然清新的氛围。

⑦滨水景观与历史街区环境的无缝融合。襄阳历史街区的变迁与汉江有着深厚的渊源。在对滨江景观进行改造时,可将街区历史文化元素运用到滨水空间景观营造中,使之成为历史文化街区空间界面的延伸和补充,使空间界面无缝融合。同时,通过打造滨水空间形态格局、历史符号和具有特色的公共设施等,增强滨水景观的地方特色。如襄阳北街将南端昭明台、北端临汉门以及临汉门外的沿江景观公园作为街巷外部空间目标,串联历史街区与滨江空间节点,既增添了街巷的空间吸引力和趣味性,又使自然水体与历史建筑资源之间建立了良好的联系,营造了景观走廊(如图5－11所示)。

图5－11　襄阳北街

(2)优化界面空间,重塑街区空间场所。

①整合外部空间秩序,优化街巷复合界面。历史文化街区的外部空间主要以街巷空间为主,而"街道不会存在于什么都没有的地方,亦不可能同周围的环境分开"①。街道空间是由水平界面、垂直界面与自然要素相结合组成的复合界面。对于其空间秩序的整合,可从街巷现存节点空间的织补和消极空间的积极转化入手,以丰富街区的水平界面与垂直界面。

①BERNARD RUDOFSKY. Streets for people[M]. New York:Doubleday & Company,1969.

②修补街巷底界面，营造连续性街道水平界面。街巷的水平界面尤其是底界面，是人们接触频繁、密切的界面，直接影响街巷流线组织、空间划分、景观效果、空间品质的营造。历史街巷底界面的修补应保持现有街巷纵横交错、错落有致的肌理格局，沿用原有地铺材料作为街巷铺地的主要材质，灵活运用拆除老建筑所产生的瓦片、砖石、碎瓷片等建筑材料作为辅助铺地材质（如图 5 - 12 所示），修补破损、不协调的底界面铺装，织补底界面历史肌理。沧桑斑驳的青石板和源自老建筑原汁原味的建筑材料所组成的路面，既有较强的历史代入感，又有旧物新用赋予街巷现代感和趣味性。修补部分临街建筑入户台阶，并与软质铺装结合，通过台阶和路面形成的高差变化，丰富底界面层次，同时其可作为街巷空间的休息设施，解决街巷狭窄没有足够空间设置休息座椅的问题。

图 5 - 12　老建筑材料地铺景观组图

③嵌入微型公共空间，优化街巷空间节点。在历史街区空间有限的现状下，街巷平面肌理的优化应以原有宅基地为基础，维持街巷紧凑的空间格局，拆除街巷内违规搭建的建筑物，为街巷的出入口、共享绿地、“共享小屋”、微绿道等开放空间节点的改造提供可能。入口空间的营造对提高街道的吸引力极为重要，历史街巷的平面修补可将入口作为重点节点空间进行改造提升。可利用拆除违章建筑、棚架后的开阔场地，结合门楼、古民居、原有开敞空间设置小型场地，增加“透气”空间，增强铺装和景观的艺术性及其可识别性，以点及面，与两旁的建筑界面统一设计，设置与历史文化相关的浮雕作品、文化展示墙等，强化历史文化风貌特色。或以“共享小屋”的形式在街区中嵌入与街区建筑风貌相统一的，具有休憩交流、书籍阅读、会议讨论等功能的开放公共空间。也可将一般历史建筑置换为内院式公共空间，增设绿化景观、休闲桌椅、遮阳棚等设施，赋予其交流空间的功能，完善空间的休闲性、公共性特质。

④更新建筑实体空间，优化街巷垂直界面。延续重点历史空间特征，织补建筑空间肌理。街区肌理作为街区形态的表征，往往通过其连续性界面向外传递该街区的自然、人文、社会、政治、经济及文化等信息，成为了解街区历史发展、住居形态历史变化的一个外部窗口，是住宅风格形式变更的直接载体。[①] 襄阳现存历史街区原有街巷肌理的空间形态被大型商住建设破坏，导致肌理断裂，新、旧两种肌理之间缺少过渡衔接，使街区的空间肌理模糊。针对这一情况，可在新建筑中植入传统空间形态，复兴传统建筑的空间肌理。新建筑的形态和体量最好介于两种现有建筑体量之间，使用部分老建筑部件与原材料，并在建筑高度、形式、色彩、体量、屋顶折线关系上与传统建筑进行融合，从而生成连续且自然的空间肌理。当新建筑体量与周边建筑有较大差别时，则可以采用玻璃材质或者街巷主色调的淡色系来弱化该建筑的存在，降低视觉上不连续的空间感，增加街巷趣味性。或通过新材料、新手法模拟由院落肌理和街巷格局共同限定的肌理形式，在新建筑中留置院落空间，使其与保留的历史遗存建筑中的天井空间或由建筑群围合而成的院落空间相映成趣。

⑤街巷垂直界面重构，有机协调历史风貌。丰富完整的街道立面及统一的建筑风貌直接影响人们对街道的感受和认知，其空间表达、形态组合、材质质感、色彩选取等都直接影响街区历史文化风貌的表达。可从襄阳历史建筑中提取马头墙、坡顶、搁板门、花格栅窗、门扉、凤形吻脊饰、精美木浅浮雕构件等具有特色的元素或构件，通过拼贴、镶嵌、移植、重复等手法融入现代建筑语言，协调街区传统风貌，强化街道界面的连续性特征。例如，陈老巷5、12号（如图5-13所示），可将建筑底层破旧的红色木格栅门板部分用有机玻璃替代，保留木质门框，通过形式上的改变来满足美学和使用功能上的要求。在简化马头墙这一特色元素的同时，保留马头墙屋脊、挑檐的曲线变化形式，利用工字钢压模做出几何形式的简化黑边，运用于建筑沿街墙体造型、墙面材质异构、屋顶修缮等更新重构中；还可灵活运用老建筑的砖、瓦等材料，采用碎片式的拼贴方法来构建街区垂直界面，以“旧物新用”的方式实现街巷界面的统一；或综合运用青砖、瓦片等古朴材质和新材料，模拟传统建造手法，营造镂空、错位、序列、排列等多种幕

---

①陈刚，谭刚毅．近代汉口社会转型下的住居形态研究——以街区肌理与界面为例［J］．南方建筑，2015(6)：24-29.

墙肌理与窗口效果，以折中的手法使新材料与传统肌理高度契合，用新材料衬托出旧砖瓦的历史价值，对传统肌理进行现代手法的创新。

图 5－13　陈老巷 5、12 号场景组图

(3)复兴街区场所精神，延续集体记忆。城市的存在意识与存在感，来自城市地域化的程度。“城市双修”明确提出要“重铸文化认同”，即挖掘、整理城市地域文化，表达城市的内在个性，在城市建设与更新中不断传承、弘扬、创造地域文化，延续市民的集体记忆。“打造自己的城市精神，对外树立形象，对内凝聚人心，是‘城市双修’希望带来的文化成果。”①

①延续历史建筑的物质形象。襄阳现存历史文化街区中的现有建筑情况较复杂，可根据建筑质量分为文物建筑、一般历史建筑、一般建筑等 3 类进行物质形象更新。

针对文物保护单位，参考文物建筑保护的相关办法，以保守修缮为主，尽量保留历史遗存的真实面貌，可适当进行功能置换。如对于樊城的抚州会馆、小江西会馆，可修复和修缮其破旧结构的构件，恢复会馆现存建筑的精美风貌和格局。根据建筑现状及原有戏台、商行功能，赋予戏剧博物馆、会馆、历史展览馆等与历史文化相关的新功能，推动公共空间场所的复兴，使历史场景以“同地不同时”的方式重现。

一般历史建筑，以局部修缮为主。比如在不改变建筑物结构、保留建筑风格特征的前提下，根据陈老巷历史文化街区的特色及产业定位，调整、改造内部设

---

①张兵. 催化与转型：“城市修补、生态修复”的理论与实践[M]. 北京：中国建筑工业出版社，2019.

施,配备基础设置,优化建筑界面,引入文化艺术工坊、工作室等,使历史记忆有效留存和促进新"地标"的产生。对于现今已由使用者自发地转化为文化、商业功能的民居,应对于能体现襄阳民居特点、承载重要历史信息的建筑构件、材料、布局等元素进行有效的保护与利用。

保留价值较弱的一般建筑,可拆除在原址新建的建筑或将其规划为公共空间,以解决历史文化街区缺乏公共休憩、交流、共享空间的问题。

②延续传统街巷结构,激发街巷活力。狭窄的街巷、古朴的砖木建筑是人们记忆和情感的载体和寄托,是拥有着独特的性格和表情的生命体,给人一种紧凑的空间感。但街巷约为 D/H 比值(街道的宽度为 D,两侧建筑的高度为 H,D/H 比值 = 街道的宽度/两侧建筑的高度)较低的空间结构,会导致巷道采光不足,给人一种幽暗压抑的感觉。可利用玻璃体、绿化景观、木质门廊来填补空间中的破碎边界和弥补界面的缺失,以此来点缀线性空间和节点空间,通过丰富街巷层次、色彩的方式既弥补了采光不足等问题,也形成明确的路径向导,增加空间趣味性。同时,街道中建筑贴线率(建筑贴合某一分界面的墙面长度与该界面长度的比值,即贴线率 = 建筑贴合界面部分的长度/界面长度)越高,行人的活动空间越紧凑,街巷就越具活力(如图 5 - 14 所示)。历史街巷空间往往既承担交通功能又是居民生活休憩的场所。在街巷结构修复中,可通过地块内的建筑退界方法,实现地块肌理产生的街廓凹凸,延续历史街区街巷空间的场所精神,将线性空间完善成为体现现代生活形态的流动空间。

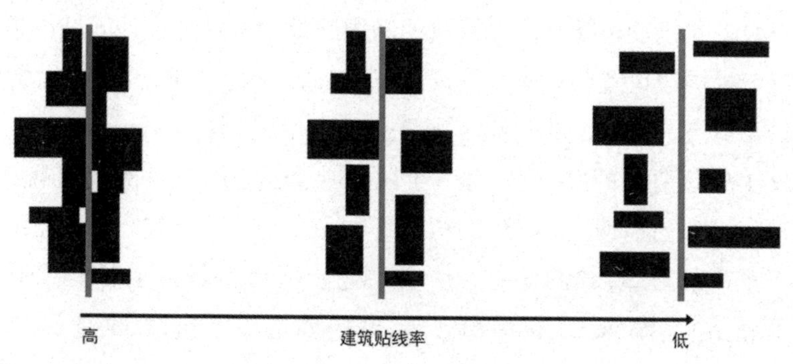

图 5 - 14 建筑贴线率与行人活动空间之间的关系图

(4)改善交通道路环境,革新基础设施技术。襄阳历史文化街区存在道路尺度小、建筑密度大、人员聚集度高、无停车场设置等问题，且周边饱和的城市建设现状不允许采用大拆大建的方式来拓宽现有道路。因此，可以确定“公交+慢行优先”的交通策略，尝试通过系统的、小尺度的方式分别对动态交通和静态交通进行有机更新。

①增强动态交通系统的可达性。以樊城历史街区陈老巷为例，从现有街巷交通现状图可见传统街巷体系呈“枝”状结构，支巷以L形、T形和尽端式为主，存在使用性较弱，东西走向的道路网络密度较低，快慢交通及动静交通互相干扰，公交站设置不合理等问题。建议以现有街巷尺度为参照，打通现有支巷，恢复街巷的慢行交通功能；拆除违建物，打通小瓷器街通往定中街的街巷；拆除质量较差的建筑，疏通与小瓷器街平行向东的现有的巷道；在抚州会馆西侧规划与陈老巷平行的巷道，与沿江大道衔接；中段规划向东支道，与定中街衔接。利用小尺度的街巷空间，打造半小时慢行游线，串联阮家大院和抚州会馆两处重要人文节点，打造彰显地域文化主题的街道，回归慢行优先的交通导向。

②完善公共交通线网，践行公交优先的理念。襄阳部分历史文化街巷（区）存在公共交通可达性较弱的现状，以陈老巷为例，目前0.5千米范围内有3个公交站点，1千米范围内只有6个公交站点，且距陈老巷直线距离都超过300米。可参考古隆中风景区交通形式，设置旅游专线，提升公共交通系统可达性。也可利用共享单车解决公交站点较远的问题，结合现有公交站点，增加自行车交通线路，以及安排非机动车的停放位置，提升动态交通通行效率。

③设置静态交通系统的停放空间。历史街巷（区）内可供停车的土地资源紧缺，机动车、非机动车随意乱停乱放的问题严重。可考虑在外围城市道路与历史街巷交汇处周边设置共享单车停放点，从交通行为上串联历史文化街巷（区）的城市景观节点。或者在部分缺少观赏点的支巷采用立体停车的方式，将共享单车挂放在街巷两旁的墙面上，解决问题的同时起到点缀街巷风貌的作用。对于机动车，则提倡使用立体化的机动车停放设施。可借鉴襄阳人民广场智能立体停车库的形式（如图5-15所示），建设立体机械式运行的智能停车设施。也可利用“互联网+”和移动终端，共享周边住宅小区、商业区的闲置停车资源。

图 5－15　襄阳人民广场智能立体停车库场景组图

2. 塑造地域特色，提升生活性街道文化景观的优化功能

生活性街道是城市的“毛细血管”，是每个城市道路体系中占比较大、涵盖范围较广的街道类型，不仅是城市每个功能片区内部交通联系的纽带，还是人们生活的主要场所，是城市发展的见证者。生活性街道，一方面满足城市居民生活需要的线性空间，包括购物商场、娱乐休闲及运动健身等各种基础设施；另一方面街道空间本身也是当地居民的生活环境，为人们提供交往、交流和娱乐的场所（如图 5－16 所示）。那些在街边树荫下切磋棋艺的老人；聚集在冬日避风的阳光角落里织着毛衣、闲话家常的阿婆；傍晚街头路灯下的小小空地上，伴着音乐热闹起舞的大妈；追逐嬉戏、打闹玩耍的儿童，这些热闹非凡的街道生活景象是城市生活中最有人情味、最生动、最让人难以割舍的记忆。

图 5－16　生活性街道景观组图

(1)优化步行空间环境，提升街道安全性和舒适性。街道曾经是人们停下来聊天，孩子们玩耍的地方，其空间的重点是步行空间，主要服务对象是人。步行环境质量的高低，会直接影响行人对街道的区域归属感及认同感，也会影响街道的安全性和舒适性，以及人们参与步行活动的积极性。

街道步行空间环境可以通过重塑步行空间尺度、丰富路面铺装形式、提高街道绿化率、完善景观设施等措施来实现优化。街道的空间尺度是人们置身于街道中最直观、最强烈的视觉感受，街道尺度、比例是否符合人们的生活习惯和要求，直接影响着人们对街道的第一印象。因此，创造适宜的空间尺度，重塑街道宽度与周边建筑高度的比例是生活性街道意象营造的重要方式。可通过联系两旁建筑物的棚架、连廊、露台等设施，重构街道的空间尺度，新的构筑物可从建筑立面深入街道空间内，街道整体高宽比宜控制在1.5∶1～1∶2，减少因为街道尺度过大而使行人在步行过程中产生的孤独感、不安全感。或在原有空间尺度的基础上，对街道空间重新划分，通过控制人行道内停车区域、规范商铺室外商业设施布置、利用高差模糊建筑前区和步行通行区边界等手段来提高活动空间面积，区分通行空间和停留空间，在保障步行通行安全连续的前提下，提高街道活动多样性。

街道的路面是街道所有空间中必有的景观设施，丰富且富有变化的路面铺装能有效地提升街巷的可识别性。可使用不同材料铺装来区别街道功能，以道路铺装的颜色、质感、图案作为功能区域划分的柔性边界，街道中间或两侧常规步行道可采用统一的铺装样式，强化街道的系统性，人们可通过统一的铺装明确街道的空间方位，获得方向感。而街道中为人们提供交流、休息、停留的场所铺装，则可以采用别具一格的铺装样式来限定空间，吸引行人的注意，改善路面环境，丰富街道使用者的视觉效果。

街道的植物景观是优化步行空间的核心，对于为人们营造良好的具有场所性和场所感的日常活动场所有辅助作用，良好的植物种植不仅可以为人们的活动营建优质的街道景观和城市风貌，也可以改善城市的生态环境。根据场所的需求，灵活运用草坪、绿篱、花坛、绿化墙和行道树等植物造景元素，组团造景，可以打造多元和开放的街道植物景观效果，营造街道绿化空间氛围(如图5－17所示)。如在绿化带树池里增加草花的种植，形成“带”状的绿篱或草坪，不仅可以丰富街道的植物种植形式，提高植物种类的多样性，而且与行道树相协调，可以形成高品质的街道景观；或是结合新技术，在街道空间不足的情况下设置绿化墙或立面树，以满足街道植物景观的丰富性及美观性；还可适当配植灌木、草花或地被植物等，形成复层植被，起到调节气候、吸附灰尘的作用，提升步行空间环境的舒适性。

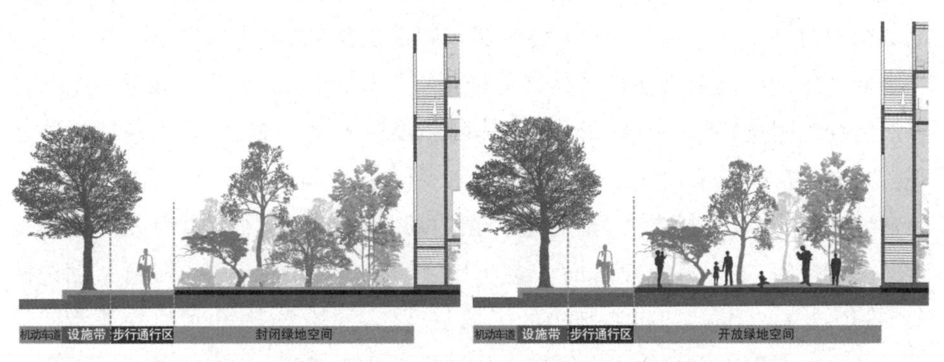

图5－17　街道绿化空间氛围示意图

生活性街道景观设施的完善主要表现在对休憩设施、观赏性设施的建设，最大程度为人们停留驻足、交流小憩、玩耍嬉戏等提供可能。因此，街道上不仅需要垃圾箱、路灯、标识牌等必要的功能设施，还需要座椅、花箱、雕塑等艺术性设施，并以此来满足人们的户外活动需求，美化街道环境，提升街道的空间环境品质（如图5－18所示）。

图5－18　襄阳北街景观雕塑景观组图

(2)丰富街巷节点空间,创造适宜的交往空间。对交往空间的强烈需求和向往是生活性街道区别于其他类型街道的特点之一。在街旁宽阔的场地中,孩子们结伴玩耍,老人们围聚谈谈家常,邻里畅谈天地、共赏鸟语花香的一幕幕情景,不仅能给人温暖感、安全感,对于人们在街道上进行自发性活动和社会性活动也有积极的作用。可以通过开发街道有潜力的阴角空间、合理利用街道的"灰空间"来划分街道空间,增添半围合、半开敞的街道公共交往场所。街道上的临街建筑在发展更新中自然形成的凹空间是最常见的"阴角空间",三面围合临街面开敞的空间形态像被人从背后拥抱在怀中,吸引人们前去依靠、停留、休憩。可利用阴角特殊的空间形态,在其内部设置人文景观、物质景观或植物景观,并辅以座椅、石桌、遮阳伞、垃圾桶等景观设施,共同构建阴角空间的功能性、观赏性和趣味性,既营造出人们愿意停留的场所,也推动人们的生活从私密场所走向公共空间,进行自发性活动。或是有目的性地创造出一些"凹洞",创造阴角空间。这些"凹洞"可以在街边的围墙上、路旁的灌木中,也可以在建筑的立面上。在围墙凹进去的空间中添加小品设施、种植藤蔓类植物、设置小巧精致的雨棚,这种具有强封闭性的半隐半现的空间,让人们在此可以遮光挡雨,可停靠休息聊天,为他们提供不错的视野,还可弥补附近居民活动空间不足的缺陷。在路旁灌木的凹空间中,则可设置造型独特的长椅、圆桌石凳、遮阳伞等景观设施,为人们提供闲话家常、歇脚整理的空间。在建筑立面上的凹空间可根据其高度的不同赋予其临时吧台、座椅、花箱等功能,为人们提供短时间休整的空间。

除了阴角空间外,合理利用街道中的"灰空间"也可以达到室内外相融合的目的,为行人提供近人空间尺度下的围合,提升他们的安全感。行道树下的树荫空间就是街道中最为常见的"灰空间",有效利用树荫空间能达到事半功倍的效果。行道树形成的天然树荫使树下空间成为人们喝茶聊天的不二之选,可在此设置多功能的景观设施,比如提供具有坐憩功能的花池、设置坐憩位置的雕塑和带有垃圾桶的长椅等,为人们长时间的停留提供物质景观基础,营造出适宜交流的街道空间景观。也可以对临街建筑前较宽的"灰空间"加以利用,根据商铺性质设置相符的休息设施,实现商铺的向外延伸,既带动了经济效益,也在原本单调空旷的街道中增添了供人们休息活动的露天书吧、茶吧、咖啡厅、市集等交往空间。

(3)塑造良好的侧界面空间,打造富有节奏的街道界面。"城市边界的处理，特别是建筑的底层部分，对城市空间中人们的生活起着决定性的影响和作用。”①生活性街道的沿街界面主要是由沿街的商业、围墙和居住区的居民楼组成，局部路段包括办公建筑、商业综合体等界面形式。由于视域范围的限制，人们更容易关注临街道侧界面的底层空间，如临街建筑的店铺门面、街道两侧的植被绿化、街道边的居住区围墙、存在高差的建筑物出入口等。塑造良好的街道侧界面空间，可通过提升沿街店铺形象、重塑侧界面的通透性、优化建筑物出入口的空间景观等有效措施，营造富有节奏感的街道界面。临街道两侧分布的琳琅满目的小商铺，给居民生活提供了便利，也活跃了街道的氛围。提升沿街店铺形象可以拆除过大、过高、严重影响建筑造型、颜色饱和度过高的广告牌，同时鼓励商家对其店铺的临街面的广告牌、灯箱、橱窗等进行适当布置，使店面形象精致细腻，有耐视性、醒目性，并易于记忆，使人愿意接近和驻足。生活性街道中影响侧界面通透性的主要是街道旁设置的围墙，围墙将建筑物与街道割裂，导致街道尺度的失衡，易使行人产生封闭感，也破坏了街道界面的节奏感。可考虑更新围墙样式，用通透式的景观铁艺围栏、砖砌镂空围墙代替，既起到了空间划分的作用，又能提升街道景观环境。或者拆除围墙，开放围墙内部空间，使街巷侧立面更加丰富（如图5－19所示）。对临街主要建筑物出入口空间景观的优化，可通过将出入口空间处理成硬质场地的形式拓宽人行道，使街道通行更便利。结合出入口空间增设活动场地，丰富出入口空间的功能性，协调街道功能空间与建筑功能空间。

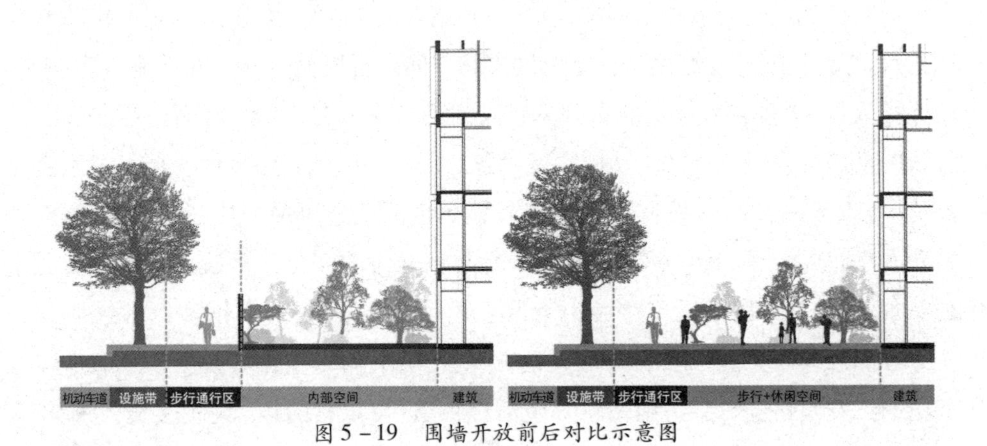

图5－19　围墙开放前后对比示意图

①扬·盖尔.交往与空间[M].何人可，译.北京：中国建筑工业出版社，2002.

(4)注入地域元素,凝聚街道场所精神。生活性街道经过时间的洗礼,通常会带有其独特的特色和标志,拥有不可忽视的情感价值。在生活性街道中,可以通过提取地域性历史建筑、街道、文化标志来构筑街道的文化意象,打造特色景观,体现街道的文化内涵。街道中无论是家属区大院、沿街的小卖部,还是简洁大气的高层住宅、精致时尚的咖啡馆,都凝聚着生活性街道中多元化的文化表达,展现着街道的性格,形成了独特的文化意象,给人以鲜明的形象感知和难以忘怀的文化记忆。可结合这些特色建筑,如经历岁月洗礼的小店、具有现代特色的商铺,提取文化元素和符号,构筑街道的文化意象、行人的视觉文化意象,形成街道独具特色的文化形象。对于地域文化被侵蚀较严重、现代感较强的街道,可通过植入地域文化元素的方式来实现街道文化精神的塑造。在街道形态的优化、街道底界面的铺装、街道侧界面的装饰、临街建筑间的界面缝接、街道家具的选取中融入地域文化语言,将生活性街道和地域历史文化进行融会贯通。例如根据街道狭长的空间形态,利用住宅建筑的临街面或单位小区的围墙,设置街道文化展示墙,通过展示街道老照片、手绘街道历史形态等形式来传递街道文化意象;还可利用街道空间节点,串联绿化、景观小品、功能设施等要素,将地域文化元素融入街道每个细小的环节之中,共同构成街道空间文化网络,增强人们对街道的文化感知。

同时,应梳理、归纳街道的文化特征,确定街道的主题,将街道以艺术化的方式进行呈现,从而建立起生活性街道的文脉空间。可以街道周边的用地功能、主要服务人群、规模较大或功能重叠率较高的建筑为依据,对街道进行主题提炼,较长的街道可采用分段式多功能主题设置。比如襄阳风华路金穗巷至谷山大厦路段,襄阳市第二十一中学临街而立,校园是占据此地块最为核心的部分,可打造青春学校的主题,将童趣、活力、向上等热情洋溢的文化元素植入生活性街道的景观之中;又如襄阳风华路谷山大厦至建华路路段,临街商铺多以餐饮业为主,可以襄阳味道为主题,打造襄阳地方美食文化;而襄城古城区内以老旧小区为主的红花园路、米花街、利民路等生活性街道,可以营造以“大院文化”“街巷文化”“市井文化”为主题元素的地域文化地段。根据街道空间的功能,提炼融入地域元素,营造主题化的生活性街道,不仅可以最大限度地表现出每个街道所独有的文化内涵,也在一定程度上满足了街道中不同类型使用者的需求。

5.1.3 融合地域文化特色与时代特征的建筑环境意象空间

建筑犹如一部“木本(石头)的史书”,静静地存在于城市中,展现着地方文化的特色,记录着时代变迁的记忆。一座积淀着深厚历史或散发着魅力与吸引力的城市,城中往往都有某一时期具有该时代特征的代表性建筑,或是集聚了不同时期历史文化特征的建筑群,表达出人们的精神意象。如北京故宫建筑群严谨庄重、脉络清晰、主次分明、威严神圣的空间序列所渗透出的浓厚的伦理理性内涵,体现了中国文化哲学思想对以人为本的儒家礼制的追求。而巴黎圣母院、凯旋门、万神庙、马德莱娜教堂则展现着中世纪欧洲的文化繁荣与多元的建筑艺术,传达着人们对自由、平等、博爱与共和的向往。建筑是文化的载体,也是文化的一种形态。它巨大的艺术容量、强烈的艺术表现能力、与人类心灵直接相通的抽象性所赋予的巨大涵括力,使其成为最能表现时代美学特征的产物。不同时期的人们对美和文化精神的追求不同,这一点在建筑风貌中也得到了完美的诠释。因此,在如今中国城市化快速发展的背景下,如何让人们通过建筑和由建筑群形成的不同空间形式,来感受城市地域文化特色与时代特征,是城市建筑环境急需解决的问题。

但建筑与城市格局的演变发展和街道的规划更新主要受到城市管理者、业界专家主导制定实施的情况,城市管理政策的宏观把控,建筑营造者(开发商、自建房房主)的审美水平与经济实力,建筑设计师的审美倾向,乃至市民公众审美的接受程度,设计风格的流行趋势等的影响。因此,襄阳在对建筑环境风貌的整体把控上,应对具有城市传统人文特色的建筑及其周边环境进行严格的保护与控制,控制周边新建建筑高度,提升区域景观质量,挖掘文化内涵,营造城市文化景观节点;强化对建筑布局模式的管理和引导,提高城市建筑空间分布轴线的公共服务属性,提升轴线两侧空间活力,塑造具有地域文化特色的城市建筑空间意象;理性传承建筑风貌特色,从襄阳淡雅简洁的建筑风格特征、大木结构的构造形式、天井式和合院式共存的混合式布局形式、砖瓦木材等建筑材料,以及建造形制等多个方面去深入研究本土建筑文化,提取风火墙、照壁、门楼、木构架、门罩等建筑元素符号,营造极具地域特色风貌的建筑群及空间。城市建筑肌理的延续与再表达,可充分运用襄阳地域文化符号和象征的表达手法,通过建筑的质感、形态、色彩等多方面来彰显本土地方特色,实现传统建筑工艺的重现。

5.2 襄阳城市文化景观价值重塑

5.2.1 以审美价值重塑引领的城市景观空间规划

美是"一切物体良好配合"的一种属性，它的先决条件是消除一切消极的和不可调和的因素，包括一切形式的"污染"。"就景观而言，空间无疑是最重要的感知范畴，不是透视法中所采用的一维的角度，而是一个包含了所有体量和体积的整体。综合起来形成了具体的条件，在这些条件下我们改造环境，并作为环境的一部分生活在其中。环境同样具有时间的维度，从构成环境的物体的运动以获得不同的形式。各种维度的连续性和空间的各种范畴与感知的联觉平行发展。体量、颜色、光线、声音和线条在我们的感知中融合起来，我们只有在概念化的思考中或者控制性的体验中才能够把它们区分开来。"①英国哲学家萨缪尔·亚历山大说："美，根本不是一种性质，而是对象与满足了审美情感的个人之间的关系。"②人们通过造型的形状和线条的表达、光与影的运用、色彩和材质的选取、方向和体量的关系、文化和价值的传递等方面感知着景观空间，又通过城市景观了解着生活中的城市。城市景观的形式是人与自然关系相互作用方式的审美诠释和表现，它的发展体现着人类的生存理念和审美价值观念的演变③。因此，人们对城市美的感知和追求通常关联着多种情形，受到各类情景、条件、思潮的影响，并通过这些媒介来塑造体验。

在当代社会全球化和多元化的背景下，城市景观空间规划与建设也出现了一片繁荣的景象：豪华气派的城市广场、规划严谨的景观大道、欧式风格的景观建筑、遍地开花的农家乐、整齐有序的草坪植被，如此等等。这些只停留在视觉美学层面，追求都市美、奢华美、表象美的城市景观层出不穷。城市广场上千篇一律的花岗岩铺地、大理石水池、雷同的雕塑和小品，让城市失去了地方特色之美；通过堆砌高档材料、引入奇花异草的景观大道或是建造奢华的景观建筑，与中国传统美学思想，其实是背道而驰；不惜破坏自然的山体、植被而建设的农家乐，不仅破坏了原本秀丽的田园景色，也失去了原有的乡土风情；还有修葺一新

---

①阿诺德·伯林特.环境美学[M].张敏，周雨，译.长沙：湖南科学技术出版社，2006.

②萨缪尔·亚历山大.艺术、价值与自然[M].韩东晖，张振明，译.北京：华夏出版社，2000.

③赵慧宁.城市景观文化的环境审美价值[J].华南农业大学学报（社会科学版），2012，11(4)：140－146.

的硬质人工驳岸、修剪整齐的观赏植物,对生物的多样性和栖息地造成了毁灭性的破坏。可见,在我国的城市景观建设中,以"视觉"为主导的审美价值观已付出了极其惨痛的代价,景观审美价值的重塑刻不容缓。

在中国共产党第十九次全国代表大会的报告中,习近平总书记明确指出:"坚持人与自然和谐共生。建设生态文明是中华民族永续发展的千年大计。必须树立和践行绿水青山就是金山银山的理念,坚持节约资源和保护环境的基本国策,像对待生命一样对待生态环境,统筹山水林田湖草系统治理,实行最严格的生态环境保护制度,形成绿色发展方式和生活方式,坚定走生产发展、生活富裕、生态良好的文明发展道路,建设美丽中国,为人民创造良好生产生活环境,为全球生态安全作出贡献。"因此,城市景观可从对视觉效果的追求逐步向生态环境效益的追求转变,构建以"生态美"为主导的景观审美价值观。城市景观建设应保护和发掘城市的乡土景观元素,追求乡土之美,营造具有地域特色的城市环境,让饱含着丰富的自然景观和文化内涵的乡土景观激发人们产生情感上的共鸣,形成人们对于自己栖居场所的依恋,缓解城市化给人们带来的精神失衡。同时,这又会激发人们对场所的责任感,促使他们自觉地呵护自己的生存环境,最终实现人与环境的持续健康发展。① 我们要倡导节约型景观建设,发现平凡之美,营造朴实自然的栖居环境。平凡并不意味着单调、平淡,恰恰相反,它是一种丰富的统一,亦是一种对复杂的升华。它摒弃了金碧辉煌的外表、奇异虚幻的情调,用最直接的方式传达思想,在简洁明快的空间表达中蕴含着复杂精妙的结构,包括对空间质量的追求和不同材料的体现。不再追求矫揉造作的丰富感和流于表面的精美,转而去寻找纯洁的、直接的美,以一种极其纯粹简单的方式来表达人们对于自然与本源的崇尚之情,使城市景观回归本源,回归朴素之美。这种平凡之美可以在用旧砖碎瓦砌筑和包裹的奇特建筑——宁波博物馆中窥见(如图5-20所示);在将船厂旧的工业设备保留下来并改造成新的景观元素的中山岐江公园中发现(如图5-21所示);也可以在保留场地原有的植被,以乡土植物为主,推崇"野草之美"的秦皇岛汤河公园中品味(如图5-22所示)。这无一不强调,人们应尊重景观的生命属性,强调生命之美,营造可持续发展的城市环境。城市景观营造涉及植物、水体等生命元素,对这些具有生命力的景观元素,应从生态学角度了解城市自然系统的发展规律和运行机制,并利用这种规律

①斯蒂芬·R.凯勒特.生命的栖居:设计并理解人与自然的联系[M].朱强,刘英,俞来雷,译.北京:中国建筑工业出版社,2008.

和机制促进生命活动的运行，创造可以支持各种生命形式和谐共生的可持续发展的景观环境。

图 5－20　宁波博物馆景观组图

图 5－21　中山岐江公园景观组图

图 5－22　秦皇岛汤河公园景观组图

5.2.2 从城市记忆出发建构城市多元地域感

记忆连接过去和现在，并将其与周围环境产生的联系记录下来，使实物世界和文化、社会、个人之间产生时空上的联系。它不仅是记忆的主体能动性所构建的产物，同时也受到外部环境，如历史、政治、经济、文化等外部力量的“塑形”。因此，在一定地域空间环境内具有一定的趋同性，从而产生集体记忆，并以此为基础，形成集体的社会认知框架来审视历史，在城市规划层面上体现为城市精神的构建和持续。对城市发展历史的集体记忆为人们提供了形式与情感上的诱发点，使其与城市文化景观产生共鸣，而这种共鸣衍生出的对城市历史文化的认同感又让人们在特定的城市环境中产生特有的情愫，也就是地域感。但人们对历史的认识与理解不是一成不变的，会随着对历史文物古迹不断地发掘考证，以及社会政治、经济环境的变化而产生不同的看法，对同一段历史也会有不同的解读，最终造成地域感知在统一中存在个体的差异性，形成多元的地域感。

1. 加强地域文化知识的宣传引导，提升地域认同感

根据《国际社会科学百科全书》中的定义，地域文化原是人类文化学学科体系范畴内的重要分支，它是指在一个大致区域范围内持续存在的文化特征。然而，随着地域文化研究的增多，不同的学科、不同的学派、不同的学者对“地域文化是什么”产生了不同的理解和定义。综合来看，可将地域文化理解为：在一定的地域条件下，由地域社会的组织结构、经济形态、宗教信仰、传统民俗等决定，在历史上形成的，某种特定的意识形态、价值观念与行为方式，并在此地区以后的历史发展中遗传与积淀下来。地域文化的形成更是历史发展的结果，脱离不了历史的沉淀和机缘。但如今，经济、文化的全球化发展导致城市空间、形态和景观元素、风格的趋同；快节奏的城市生活使人们无暇品读历史文化、探寻地域特色。因此，可以考虑顺应全国加快“建设全媒体”的热潮，通过当下流行的手机、互联网等大众信息传播媒介，灵活运用微视频、微信公众号、虚拟现实等形式来宣传推广具有地域特色的文化景观，引导公众去了解、欣赏、品味城市文化之美，提升人们的地方认同感。例如，将襄阳市丰富的三国文化资源，制作成《三国历史故事》系列微视频，在故事的发生地，用现代的场景、现代的方式讲述历史故事，寻找城市的“过去”与“未来”。

2. 动态保护承载民众集体记忆的场所空间，提供开放性和多层次的景观体验

美国城市学者克里斯汀·博耶在《城市的集体记忆》中指出，“不同于历史，记忆是与人们日常生活紧密相连的，是沉淀和传承在人的生活世界中的历史”。芬兰建筑师阿尔瓦·阿尔托说，“我们的感情因为有了记忆才能被激发”。城市空间能激发民众回忆、怀旧、思古的情绪，唤醒人们的记忆，记忆又影响民众对城市空间的感知。而城市空间由形态各异的众多场所空间集合而成，与人的活动紧密联系，是人们一切习俗与生活的印记。“故而场所是文化产生和发展的源点和物化形式，而文化形成模式或不同源的文化反过来通过人的活动以促进场所的演化。”①因此，越是历史悠远的文化遗存，越能展现人类对地域性自然和文化的深刻理解。凯文·林奇在《此时何地：城市与变化的时代》一书中写道：“选择过去可以帮助我们构筑未来。”城市中那些承载着居民特殊情感、记忆与生活的古城格局、街巷、院落和建筑，正是人们感受和认知此地最直接的一种形式，能调动人们多重的感官体验。而城市景观的保护和重塑首先要挖掘这些存在于市民头脑中的集体记忆，空间的塑造在某种意义上就是城市“时间”脉络的塑造。②但随着时间的推移，社会的发展，使用主体及其特点的变化，当今社会人们交往和流动频率的增加，辐射面积的扩宽，社会体系中人与人的关系、生活方式、生活节奏、伦理道德和法律制度等都随之发生着变化。因此，动态地保护承载民众集体记忆的场所空间，应将历史↔现状↔未来联系起来加以考察，立足于现实需求，着眼于现实的发展及传统要求，才能创造出合乎现实的新观念，形成新的文化凝聚结构。例如，襄阳陈老巷历史文化街区是樊城保护较完整的历史街巷，在如今的城市生活中，街巷原有的商贸功能基本丧失，居住功能也因历史建筑表面风化、结构破损、设施陈旧等问题，不再适合继续居住。但人们对老街巷的情怀、对质朴的生活场景的向往却因经济生活的高速发展而愈发强烈。因此，需要对其进行动态保护以继续承载和反映这些变化。

5.2.3 以文脉的延续来指引城市文化景观的创新

美国人类学家艾尔弗内德·克罗伯和克莱德·克拉柯亨把“文脉”界定为“历史上所创造的生存的式样系统”。城市是在历史的发展过程中形成的，城市文化景观创新要以城市文脉总体为背景，“插入”的景观要与周围环境相衔接，要注意周围文脉，使新建筑与城市总体形态，特别是邻近的场所空间有某种衔接关系，将新的东西编织入城市已有的经纬脉络之中，体现出延续性与创新性的结合。美籍华人建筑师贝聿铭说：“要是你在一个原有城市中建造，特别是在城市

①陈纪凯.适应性城市设计：一种实效的城市设计理论及应用[M].北京：中国建筑工业出版社，2004.

②张科.框架中的魅力：中外建筑艺术鉴赏[M].南宁：广西人民出版社，1990.

中的古老部分中建造，你必须尊重城市的原有结构，正如织补一块衣料或挂毯一样。”城市文脉的延续，需注意做到以下两点。

1. 保护场所及其周边既有的历史信息

场所及其周边既有的历史信息留存于山水格局之中，留存于场地肌理之中，留存于人们视觉可见的空间形态和界面之中。这些承载着文化与生活记忆的物质载体的存在，对于当代及后代的人们解读场所有着不可替代的价值。这种传统文脉清晰、环境存留完整、历史价值极高的地区，往往是历史文化遗存较集中的核心地区，被称为“历史空间”，主要包括历史地段、历史村镇等。但在国内现有的许多以“文脉延续”为名的城市场所保护案例中，存在诸多问题：大拆大建的旧城改造，破坏了城市原有的历史空间格局，使城市肌理遭到严重破坏；在盛行一时的“假古董”建筑中，许多城市历史文化街区被改造成“仿古一条街”，失去了历史的原真性；还有将历史空间中的原住居民整体迁出的商业开发模式，历史空间失去了原有生活方式、精神追求的支撑，仅剩物化的躯壳。因此，历史空间的保护与更新要求新建筑不破坏原有城市的空间脉络，在空间上与历史空间分而设之，新旧分区规划，在功能上新区承担更多的发展功能，在形态表达上借用一些传统的形式和母体，与历史空间建立牢固的联系，以达到和原有环境相协调的目的。例如，贝聿铭设计的苏州博物馆新馆（如图5-23所示），就是处理新建筑与原有城市环境之间关系的经典案例。苏州博物馆新馆毗邻拙政园、忠王府、狮子林等传统园林建筑，贝聿铭在设计之初就提出了“不高、不大、不突出”的原则。在场馆环境设计中借用叠石、理水、树木等传统园林基本元素，借鉴传统园林成景、借景等造园手法，使新馆富有传统园林之美；布局上延续江南院落式的布局方式，在现代几何造型中体现了错落有致的空间关系；建筑造型则借鉴了苏州的粉墙黛瓦的形式，成功地将建筑隐藏在周围环境当中，使它们有机结合为一体。同时，新建区域还是历史保护区域与外界环境的缓冲地段，这类场所的文脉延续则是现代空间与传统脉络的有机结合，是联系历史与现实的纽带。义乌市佛堂古镇与一江之隔的北岸新镇，遥相呼应：古镇码头和沿江集市以鲜明的地域与历史文化特征，展现着“千年古镇、佛教圣地”的厚重文化积淀；北岸新镇则是古镇空间或功能的拓展，在保护与展示古镇面貌的同时，也激活现有城市周边地块的发展，成为拉动新、老城区协同发展的纽带。

图 5－23　苏州博物馆新馆场景组图

2. 以“边界”景观联系城市文脉的起点与终点

边界是秩序的基因，因此必须明确边界的含义。边界是指独立个体的边缘，是划分不同属性事物的界限，同时也是两个独立个体相互连接的中心过渡地带。位于边界空间的景观，多处于两种或多种景观带的交汇处，既能强化围合空间，提高其辨识度,也可隐藏城市“灰色空间”,整合景观环境。在西方古典园林中经常出现的造景元素绿篱,就常肩负着构成园林结构空间及遮挡低矮杂草的双重功能;既有与凸显区域内的场所精神相互融合,并向四周渗透、延伸的功能,又能提高游客的归属感。它们随边界区域的不同而产生碰撞或弱化效应,有效地改善了原有空间的问题,提高了景观整体的环境塑造力。在保护框架中,围合街道及广场空间的建筑或其他类型的界面就是这种边界景观,它表达了传统空间的特征,依赖这些边界,空间也获得了秩序。在城市景观一体化的快速进程中,更加需要边界景观在进程中扮演承接、平衡的角色。澳门大三巴牌坊是天主之母教堂(即圣保禄教堂)前壁的遗址,历经数次大火后,主体建筑被烧毁,设计者以遗存的教堂的正面前壁、教堂前的石阶及大部分地基为边界,在教堂原址的后侧设计了一个半地下的天主教艺术博物馆,利用钢铁构架使公众能够登上原先教堂唱诗席,透过前壁厚重的窗户获得在此鸟瞰城市风貌的传统视觉体验。

5.2.4 以使用者为视角营造城市人文精神

“文化是经济和技术进步的真正量度,即人的尺度;文化是科学和技术发展的方向,即以人为本。文化积淀,存留于城市和建筑中,融汇在人们的生活中,对城市的建造、市民的观念和行为起着无形的影响,是城市和建筑之魂。”①人是地域性景观的构成主体,也是城市景观的直接服务对象。在城市景观的演变过程中,离不开人为的因素。人也是地域差异的主要创造者,某个地区或城市会在社会关注点、饮食偏好、审美倾向、节日民俗、特色活动,乃至对自然和城市空间的感知上形成某种集体无意识的、在人的心里最深层积淀的普遍性精神,为城市空间带来难以忘怀的地域特质。关注一个地域的人对场所空间的需求,找到其所属的文化圈,也就找到了塑造这一地区地域性景观的钥匙。但在地域主义的传统研究中,研究者大多将目光放在景观的空间形式和建造技术等层面,在地形、建构、材料、空间形式等方面寻找地域性符号,嫁接在新景观或景观改造中,期望借此形成“鲜明”的地域特色,但较少关注城市景观使用者的使用诉求,景观形式与当地民众的日常生活并无直接的关联与影响,更多的只是在视觉层面体现其“本土”意识,忽略了对地域文化主体——人的尊重。因此,城市文化景观的塑造应以某一地区复杂的社会关系或人们的迫切的生活需求为出发点,赋予景观足够的使用弹性、包容性和真实性。例如,上海田子坊(如图5-24所示)历

①周畅.北京宪章在中国:中外建筑师合作设计作品集(1999—2005)[M].北京:中国建筑工业出版社,2005.

史文化街区的更新模式案例,在田子坊更新过程中原住居民始终是更新改造的最大参与群体。他们对自己一直生活的“里弄空间”拥有深厚情感,这里的一砖一瓦都是他们鲜活的生活记忆,在集体记忆和怀旧等情感认知的过程中,居民对场所地域特色的提炼被清晰地建构,推动生活场景的活化。从中我们可以得到启示:历史文化景观的保护需要政府和民众的共同努力,需要以其独到的眼光来发掘地方的历史文化资源,以积极的思考方式来评估地方发展方向。民众参与受到尊重,他们能平实地、积极地投入历史景观保护、地方文化建设中,实现政府和居民的“双赢”。

虽然在具体的操作中,使用者的主体需求倾向会因为年龄、性别、工作性质、受教育程度、专业性等情况的不同而呈现较明显的差异,但使用者基于生活经验的思考并不意味着水平的低下,“就像很多人的活动一样,一旦趋向专业化就缺少了很多意义,同时它的语言就变得抽象、自大、脱离群众,这是由于失去了那些非专业人士不断地发明和改变自己空间所贡献的创造力”①。倾听来自不同自身条件、知识经验储备、个人偏好的使用者对城市文化景观的不同“期待视野”,有助于开发者对城市的地域特征和发展脉络的把握。例如,中国台湾著名建筑师黄声远及其田中央团队在扎根宜兰县25年的设计工作中,从早期的农宅设计到如今城市环境的营造,都始终践行着与民众、政府沟通的原则,在其作品中时间的边界被不断延伸,像有生命般成长。罗东文化工场就是其著名设计建筑之一。

图5-24 上海田子坊景观组图

①周延伟.基于使用者空间接受的城市公共空间设计研究[J].设计艺术(山东工艺美术学院学报),2017,(3):32-38.

参考文献

[1](宋)乐史. 太平寰宇记[M]. 北京:商务印书馆,1936.

[2](清)顾祖禹. 读史方舆纪要[M]. 北京:商务印书馆,1937.

[3]嶋居一康. 元丰九域志[M]. 日本东京:中文出版社,1976.

[4]费尔迪南·德·索绪尔. 普通语言学教程[M]. 高名凯,译. 北京:商务印书馆,1980.

[5]F. 吉伯德. 市镇设计[M]. 程里尧,译. 北京:中国建筑工业出版社,1983.

[6]布鲁诺·赛维. 建筑空间论——如何品评建筑[M]. 张似赞,译. 北京:中国建筑工业出版社,1985.

[7](东晋)习凿齿. 襄阳耆旧记[M]. 舒焚,张林川,校注. 武汉:荆楚书社,1986.

[8]伊利尔·沙里宁. 城市:它的发展、衰败与未来[M]. 顾启源,译. 北京:中国建筑工业出版社,1986.

[9]A. H. 马斯洛. 动机与人格[M]. 许金声,程朝翔,译. 北京:华夏出版社,1987.

[10]盛邦和. 内核与外缘:中日文化论[M]. 上海:学林出版社,1988.

[11]拉尔夫·林顿. 文化树——世界文化简史[M]. 何道宽,译. 重庆:重庆出版社,1989.

[12]齐康. 江南水乡一个点——乡镇规划的理论与实践[M]. 南京:江苏科学技术出版社,1990.

[13]王继一. 襄樊交通志[M]. 中国城市经济社会出版社,1990.

[14]张科. 框架中的魅力:中外建筑艺术鉴赏[M]. 南宁:广西人民出版社,1990.

[15]爱德华·泰勒. 原始文化[M]. 连树声,译. 上海:上海文艺出版社,1992.

[16]张岱年,方克立. 中国文化概论[M]. 北京:北京师范大学出版社,1994.

[17]（北魏）郦道元. 水经注[M]. 长沙：岳麓书社，1995.

[18]（唐）房玄龄. 晋书[M]. 上海：中华书局，1996.

[19]司有仑. 当代西方美学新范畴辞典[M]. 北京：中国人民大学出版社，1996.

[20]杨辛，甘霖. 美学原理新编[M]. 北京：北京大学出版社，1996.

[21]吴家骅. 景观形态学：景观美学比较研究[M]. 北京：中国建筑工业出版社，1999.

[22]方李莉. 传统与变迁：景德镇新旧民窑业田野考察[M]. 南昌：江西人民出版社，2000.

[23]方炳桂. 福州老街[M]. 福州：福建人民出版社，2000.

[24]梁思成. 凝动的建筑[J]. 科技文萃，2000(7)：39.

[25]萨缪尔・亚历山大. 艺术、价值与自然[M]. 韩东晖，张振明，译. 北京：华夏出版社，2000.

[26]凯文・林奇. 城市形态[M]. 林庆怡，译. 北京：华夏出版社，2001.

[27]凯文・林奇. 城市意象[M]. 方益萍，何晓军，译. 北京：华夏出版社，2001.

[28]梁雪. 传统村镇实体环境设计[M]. 天津：天津科学技术出版社，2001.

[29]唐晓岚. 襄阳古城风貌的保护研究[D]. 南京：东南大学，2001.

[30]吴良镛. 吴良镛学术文化随笔[M]. 北京：中国青年出版社，2001.

[31]陈超，戴勇斌. 让文化"无孔不入"[N]. 文汇报，2002-06-28.

[32]M. 哈布瓦赫. 论集体记忆[M]. 毕然，郭金华，译. 上海：上海人民出版社，2002.

[33]沈伯俊. 三国演义新探[M]. 成都：四川人民出版社，2002.

[34]马凌诺斯基. 文化论[M]. 费孝通，译. 北京：华夏出版社，2002.

[35]吴良镛. 国际建协《北京宪章》——建筑学的未来[M]. 北京：清华大学出版社，2002.

[36]吴良镛.《中国建筑文化研究文库》总序(一)——论中国建筑文化的研究与创造[J]. 华中建筑，2002(6)：1-5.

[37]王向荣，林菁. 西方现代景观设计的理论与实践[M]. 北京：中国建筑工业出版社，2002.

[38](明)薛纲. 湖广图经志(影印本)[M]. 北京:北京图书馆出版社,2002.

[39]扬·盖尔. 交往与空间[M]. 何人可,译. 北京:中国建筑工业出版社,2002.

[40]戴代新. 景观历史文化的再现游憩为导向的历史文化景观时空物化[D]. 同济大学,2003.

[41]俞孔坚,李迪华. 景观设计:专业、学科与教育[M]. 北京:中国建筑工业出版社,2003.

[42]陈纪凯. 适应性城市设计:一种实效的城市设计理论及应用[M]. 北京:中国建筑工业出版社,2004.

[43]成砚. 读城:艺术经验与城市空间[M]. 北京:中国建筑工业出版社,2004.

[44]黄希庭. 简明心理学辞典[M]. 合肥:安徽人民出版社,2004.

[45]上海交通大学世界遗产学研究交流中心. 世界文化与自然遗产手册[M]. 上海:上海科学技术文献出版社,2004.

[46]章采烈. 中国园林艺术通论[M]. 上海:上海科学技术出版社,2004.

[47]简·雅各布斯. 美国大城市的死与生[M]. 金衡山,译. 南京:译林出版社,2005.

[48]刘易斯·芒福德. 城市发展史:起源、演变和前景[M]. 宋俊岭,倪文彦,译. 北京:中国建筑工业出版社,2005.

[49]毛文永. 建设项目景观影响评价[M]. 北京:中国环境科学出版社,2005.

[50]尹海林. 城市景观规划管理研究——以天津市为例[M]. 武汉:华中科技大学出版社,2005.

[51]俞孔坚. 美化城市还是破坏城市[J]. 美术观察,2005(2):20-22.

[52]周畅. 北京宪章在中国:中外建筑师合作设计作品集(1999—2005)[M]. 北京:中国建筑工业出版社,2005.

[53]阿诺德·伯林特. 环境美学[M]. 张敏,周雨,译. 长沙:湖南科学技术出版社,2006.

[54]曹伟. 城市·建筑的生态图景[M]. 北京:中国电力出版社,2006.

[55]郭向东. 园林景观设计论述(上册)[M]. 北京:中国民族摄影艺术出版社,2006.

[56]吕舟. 第六批国保单位公布后的思考[N]. 中国文物报,2006－08－18.

[57]杨茂川. 环境景观设计中的城市记忆[J]. 城市发展研究,2006(5):41－45.

[58]伊塔洛·卡尔维诺. 看不见的城市[M]. 张宓,译. 南京:译林出版社,2006.

[59]朱蓉. 城市记忆与城市形态:从心理学、社会学角度探讨城市历史文化的延续[J]. 南方建筑,2006(11):5－9.

[60]曹琴. 风土——现代城市景观设计中的中国特色研究[D]. 南京:南京林业大学,2007.

[61]单霁翔. 从"功能城市"走向"文化城市"[M]. 天津:天津大学出版社,2007.

[62]童欣. 景观设计发展浅析及世博会景观设计研究[D]. 南京:东南大学,2007.

[63]王效清. 中国古建筑术语辞典[M]. 北京:文物出版社,2007.

[64]尼科斯·塞灵格勒斯,刘洋. 连接分形的城市[J]. 国际城市规划,2008,23(6):81－92.

[65]潘世东. 汉水文化论纲[M]. 武汉:湖北人民出版社,2008.

[66]斯蒂芬·R. 凯勒特. 生命的栖居:设计并理解人与自然的联系[M]. 朱强,刘英,俞来雷,译. 北京:中国建筑工业出版社,2008.

[67]谭侠. 文脉传承载体——城市记忆空间初探[D]. 重庆:重庆大学,2008.

[68](清)陈锷. 襄阳府志[M]. 武汉:湖北人民出版社,2009.

[69]陈建斌. 文化导向的历史文化城市"积极保护"规划研究[D]. 西安:西安建筑科技大学,2009.

[70]罗伯特·F. 墨菲. 文化与社会人类学引论[M]. 王卓君,译. 北京:商务印书馆,2009.

[71]李鸣钟. 论襄阳古城池动与静的关系及作用[D]. 襄阳:湖北文理学院,2009.

[72]李同欣,秦佩华. 中国不能成为外国建筑师的试验场[J]. 决策导刊2009(1):35－36.

[73]埃比尼泽·霍华德. 明日的田园城市[M]. 金经元,译. 北京:商务印书馆, 2010.

[74]陈新剑. 历代诗人咏襄阳[M]. 上海:上海三联书店,2010.

[75]单霁翔. 文化景观遗产保护的相关理论探索[J]. 南方文物,2010(1):1-12.

[76]刘庆. 青岛地区物质文化遗产保护与利用研究[D]. 济南:山东大学,2010.

[77]诺伯舒兹. 场所精神:迈向建筑现象学[M]. 施植明,译. 武汉:华中科技大学出版社,2010.

[78]王先福. 古代襄樊城市变迁进程的初步研究[J]. 中国历史地理论丛,2010,25(1):60-70.

[79]王燕. 潍坊城市景观中地方民俗元素的应用研究[D]. 济南:山东建筑大学,2010.

[80]查尔斯·瓦尔德海姆. 景观都市主义[M]. 刘海龙,刘东云,孙璐,译. 北京:中国建筑工业出版社,2011.

[81]康泽恩. 城镇平面格局分析:诺森伯兰郡安尼克案例研究[M]. 宋峰,译. 北京:中国建筑工业出版社,2011.

[82]马晓. 城市印迹:地域文化与城市景观[M]. 上海:同济大学出版社,2011.

[83]宁玲. 城市景观系统优化原理研究[D]. 武汉:华中科技大学,2011.

[84]秦红岭. 当代中国城市形态问题的人文反思[J]. 中国名城,2011(5):4-9.

[85]斯蒂芬·马歇尔. 街道与形态[M]. 北京:中国建筑工业出版社,2011.

[86]吴良镛. 广义建筑学[M]. 北京:清华大学出版社,2011.

[87]郭玉京. 东方城市设计思想及其现代应用研究——以襄阳市庞公片区城市设计为例[D]. 西安:西安建筑科技大学,2012.

[88](明)顾炎武. 天下郡国利病书(五)[M]. 上海:上海古籍出版社,2012.

[89]全国人民代表大会常务委员会执法检查组关于检查《中华人民共和国文物保护法》实施情况的报告[R/OL]. http://www.npc.gov.cn/zgrdw/npc/xinwen/2012-07/11/content_1729564.htm.

[90]阮仪三. 城市特色与历史建筑保护[J]. 新华文摘,2012(13).

[91]王红. 甘南藏文化民俗景观研究与应用[D]. 咸阳:西北农林科技大学,2012.

[92]襄阳市第三次全国文物普查领导小组办公室. 襄阳史迹扫描[M]. 武汉:湖北人民出版社,2012.

[93]肖溪. 兼容并蓄构筑城市景观之美:日本城市景观环境治理与营造对推动我国城市景观环境建设的启示[J]. 城市建设,2012(1):102 - 103.

[94]熊培云. 思想国[M]. 北京:新星出版社,2012.

[95]伊恩·麦克哈格. 设计遵从自然[M]. 朱强,许立言,黄丽玲,等译. 北京:中国建筑工业出版社,2012.

[96]赵慧宁. 城市景观文化的环境审美价值[J]. 华南农业大学学报(社会科学版),2012,11(4):140 - 146.

[97]陈烨. 城市景观环境更新的理论与方法[M]. 南京:东南大学出版社,2013.

[98]范周,齐骥. 让文化点亮新型城镇化[N]. 社会科学报,2013 - 11 - 07(006).

[99]蒋伯诺. 文化景观在观光休闲农业园中的营造研究——以舟山市存德堂为例[D]. 杭州:浙江大学,2013.

[100]刘群. 文化襄阳:璀璨的精神家园[M]. 武汉:湖北人民出版社,2013.

[101]李彦非. 城市失忆:以北京胡同四合院的消失为例[J]. 文化研究,2013(3):133 - 156.

[102]徐俊辉. 明清时期汉水中游治所城市的空间形态研究[D]. 武汉:华中科技大学,2013.

[103]荆福全,陶琳. 景观设计[M]. 青岛:中国海洋大学出版社,2014.

[104]童明. 城市肌理如何激发城市活力[J]. 城市规划学刊,2014(3):85 - 96.

[105]王敏. 城市记忆——漫谈基于历史环境的城市开放空间景观设计[J]. 城市建设理论研究(电子版),2014,36:4896 - 4897.

[106]阳作军. 趋同与重塑:杭州城市景观的历史演变与规划引领策略[M]. 北京:中国建筑工业出版社,2014.

［107］朱怀. 基于生态安全格局视角下的浙北乡村景观营建研究［D］. 杭州：浙江大学,2014.

［108］陈刚,谭刚毅. 近代汉口社会转型下的住居形态研究——以街区肌理与界面为例［J］. 南方建筑,2015(6)：24－29.

［109］李和平,肖竞,曹珂,等. “景观－文化”协同演进的历史城镇活态保护方法探析［J］. 中国园林,2015,31(6)：68－73.

［110］(清)鲁之裕. 湖北下荆南道志(校注本)［M］. 武汉：长江出版社,2015.

［111］王元. 城镇化进程中的城市文化安全与文化遗产保护［J］. 北京社会科学,2015(3)：96－102.

［112］张硕. 考古学视角下的襄阳文脉［J］. 湖北社会科学,2015(7)：193－198.

［113］周玮,朱云峰. 近20年城市记忆研究综述［J］. 城市问题,2015(3)：2－10,104.

［114］张璐璐. 高架路对城市景观的影响利弊分析［J］. 城市建设理论研究(电子版),2015(11)：4076－4078.

［115］李嘉玲. 襄阳“山－水－城”空间历史文化脉络研究［D］. 西安：西安建筑科技大学,2016.

［116］彭佐扬. 乡愁文化理论内涵与价值梳理研究［J］. 文化学刊,2016(4)：113－118.

［117］肖竞,曹珂. 基于景观“叙事语法”与“层积机制”的历史城镇保护方法研究［J］. 中国园林,2016,32(6)：20－26.

［118］何炳棣. 中国会馆史论［M］. 北京：中华书局,2017.

［119］王良. 襄阳城市历史空间格局及其传承研究［D］. 西安：西安建筑科技大学,2017.

［120］(东晋)习凿齿. 汉晋春秋［M］. 北京：中华书局,2017.

［121］周延伟. 基于使用者空间接受的城市公共空间设计研究［J］. 设计艺术(山东工艺美术学院学报),2017(3)：32－38.

［122］方娜. 福州传统小街巷的保护与整治——以大根路为例［J］. 建筑与文化,2018(2)：147－149.

[123]贾侨生. 城市记忆视角下历史街区活力复兴设计研究[D]. 重庆：重庆大学，2018.

[124]孟令敏. 城镇历史街区居民景观记忆及其效应[D]. 西安：陕西师范大学，2018.

[125]张兵. 催化与转型："城市修补、生态修复"的理论与实践[M]. 北京：中国建筑工业出版社，2019.

[126]刘珂秀，刘滨谊."景观记忆"在城市文化景观设计中的应用[J]. 中国园林，2020，36(10)：35－39.

[127]张羽. 展现城市精神内涵的道路文化景观设计——以龙泉驿车城大道景观规划为例[J]. 安徽建筑，2020，27(11)：3－4，65.

[128] ALDO ROSSI. The architecture of the city [M]. Cambridge：MIT Press，1984.

[129]ANTHORRY M. TUNG. Preserving the world's great cities：the destruction and renewal of the historic metropolis[M]. New York：Clarkson Potter. 2001.

[130]BERNARD RUDOFSKY. Streets for people[M]. New York：Doubleday & Company，1969.

[131]UNESCO. Recommendation on the historic urban landscape[R]. Paris：UNESCO，2011.

[132]UNESCO. The HUL guidebook：managing heritage in dynamic and constantly changing urban environments[M]. UNESCO World Heritage Centre，2016.